U0386975

多灾种主要自然灾害承灾体脆弱性评估技术

徐 伟 李碧雄 刘 凯 汪 明 杜 鹃等 著

科 学 出 版 社

北 京

内 容 简 介

本书主要介绍地震-地质灾害链、暴雨-滑坡灾害链、台风-风暴潮灾害遭遇、大风-暴雨灾害遭遇、降雨-洪涝灾害链、旱涝急转等多灾种，对典型案例区的房屋建筑、公路网络、人口与经济等主要承灾体的脆弱性进行定量评估与分析。

本书可供自然灾害、地理学、安全工程、管理学、资源与环境等领域的科研和技术人员、管理工作者等参考，也可以作为高等院校相关专业研究生的参考书目。

审图号：GS 琼(2024)018 号

图书在版编目(CIP)数据

多灾种主要自然灾害承灾体脆弱性评估技术/徐伟等著．—北京：科学出版社，2024. 3

ISBN 978-7-03-077660-0

Ⅰ. ①多…　Ⅱ. ①徐…　Ⅲ. ①自然灾害-灾害管理-研究　Ⅳ. ①X432

中国国家版本馆 CIP 数据核字（2024）第 018475 号

责任编辑：杨逢渤 / 责任校对：杨聪敏

责任印制：徐晓晨 / 封面设计：无极书装

科 学 出 版 社 出版

北京东黄城根北街 16 号

邮政编码：100717

http://www.sciencep.com

北京中科印刷有限公司印刷

科学出版社发行　各地新华书店经销

*

2024 年 3 月第　一　版　开本：720×1000　1/16

2024 年 3 月第一次印刷　印张：9 1/4

字数：200 000

定价：150.00 元

（如有印装质量问题，我社负责调换）

前　言

随着全球人口与经济的快速增长，自然灾害的频率和损失呈现出加速增长的态势。区域自然灾害的形成，不仅受到自然环境要素的影响，还跟日益增长的承灾体及其脆弱性密切相关。厘清区域灾害形成过程，特别是多致灾因子综合作用下的多灾种形成过程和机理，对于区域开展重大自然灾害灾情评估、综合风险评估和综合风险防范具有重要的意义。

定量评估致灾–成害关系，即物理脆弱性和易损性评估，是分析灾害形成机制的核心，也是区域综合灾害风险评估中的一个重要环节，更是个难点问题。当前，已有较为成熟的地震、洪水、台风等单灾种易损性或物理脆弱性研究，但对区域多灾种脆弱性评估研究，仍存在定量模型缺乏、结果不定量等问题。

本书主要针对地震–滑坡、地震–泥石流灾害链、暴雨–滑坡灾害链、大风–暴雨灾害遭遇、台风–风暴潮灾害遭遇、旱涝急转灾害群等典型多灾种，开展案例区的房屋建筑、公路网络、人口与社会经济等主要承灾体的脆弱性量化分析与评估。本书是在“十三五”国家重点研发计划“重大自然灾害监测预警与防范”专项，“多灾种重大自然灾害综合风险评估与防范技术研究”项目的第二课题“多灾种重大自然灾害承灾体脆弱性与恢复力评估技术”（2018YFC1508802）支持下完成的。

本书各章撰写分工如下：第1章徐伟、杜鹃、苏鹏；第2章李碧雄、赵开鹏、钟声、王恬甜、陈斌、成蕾、吴德民；第3章刘凯、汪明、朱家彤、乔宁宁；第4章徐伟、孟晨娜、李子轩、乔宇、苏鹏；第5章徐伟、苏鹏。徐伟负责全书的组织编写与审定工作。

目　　录

第 1 章　脆弱性评估研究进展

中国是世界上自然灾害较为严重的国家之一，灾害种类多、分布地域广、发生频率高、造成损失重，是我国的一个基本国情。特别是随着全球气候变化和经济全球化，自然灾害群聚、群发和链发等现象更为突出，自然灾害的成灾过程更为复杂，造成的损失也越来越严重。灾害是孕灾环境、致灾因子和承灾体共同作用的结果（史培军，1991）。脆弱性是承灾体的一个基本属性，直接影响着区域灾害灾情或风险的大小。同一强度致灾因子作用在不同脆弱性的承灾体上，会造成截然不同的后果。承灾体脆弱性研究对区域防灾减灾和综合风险管理等有着极为重要的意义。

脆弱性研究已有较长的历史。20 世纪 70 年代，灾害学家开始对致灾因子造成的后果进行重点研究，并且认为脆弱性应该是从 0（无损失）至 1（完全破坏）范围内的损失程度（Varnes，1984），其表达形式通常是货币价值或死亡人口的概率（Glade，2003）。1975 年，White 和 Haas（1975）首次在理论上将人们防灾减灾的视线从单纯的致灾因子研究和工程措施防御扩展到人类对灾害的行为反应，并指出人口特征、房屋结构等社会因素同样能影响脆弱性。到 20 世纪 80 年代，越来越多的研究者开始重视并探讨社会经济方面的脆弱性，并提出了“灾害是社会脆弱性的实现”“灾害是一种或多种致灾因子对脆弱性人口、建筑物、经济财产或敏感性环境打击的结果”等观点，这从认识上明确了灾害形成及灾情大小是受致灾因子和社会脆弱性共同影响的（Carter，1992）。这从认识上明确了灾害形成及灾情大小是受致灾因子和社会脆弱性共同影响的。进入 20 世纪 90 年代，对承灾体暴露度的研究以及社会脆弱性的研究都日趋成熟和普遍，将两者综合应用于特定地区的研究也应运而生（商彦蕊，2000；Cutter et al.，2000）。1996 年，Cutter 结合前人在自然脆弱性和社会脆弱性两个领域的工作，提出了名为“灾害与位置”的综合脆弱性概念模型，该模型要求从系统本身和外界压力两方面来分析脆弱性（Cutter，1996）。Hewitt（1997）又进一步将脆弱性研究的思想扩展到自然、技术、人为灾害的各个领域和减轻灾害的各个环节，认为任何灾害的形成都存在四个方面的影响因素，分别是致灾因子（hazards）、脆弱性和适应性（vulnerability and adaptability）、危险（即灾害）的干扰条件（intervening conditions of danger）、人类的应对和调整（human coping and adjustments）。

进入21世纪，随着人们对气候变化、生态环境等领域的关注，脆弱性研究也逐渐受到关注。例如，联合国环境规划署（United Nations Environment Programme，UNEP）、美国全球变化研究信息局（U. S. Global Change Research Information Office，GCRIO）、联合国政府间气候变化专门委员会（Intergovernmental Panel on Climate Change，IPCC）等国际组织，逐渐开始重视因气候异常导致的自然系统和人类系统的脆弱性变化等问题（Hossain，2001）。IPCC于1997年11月发布《气候变化的区域影响：脆弱性评估》的专门报告。在IPCC发布的第三次评估报告（The Third Assessment Report-TAR）中，又一次强调了脆弱性与气候变化的紧密关系：脆弱性是某一系统气候的变率特征、幅度和变化速率及其敏感性和适应能力的函数（IPCC，2001）。IPCC在2012年发布的《管理极端事件和灾害风险推进气候变化适应特别报告》中，也进一步强调了极端气候的影响和潜在的灾害是极端气候本身，以及人类和自然系统的暴露度和脆弱性共同作用的结果（IPCC，2012）。

近年来，随着人口的急剧增加和资源的不合理利用，生态系统自身的协调能力不断下降，人类生存的环境呈现出越来越脆弱的趋势。因而，脆弱生态环境的研究发展成为资源环境学科研究的热点领域，其中，生态环境的脆弱性评估、驱动机制研究及其恢复重建工作成为该领域研究的重中之重（王介勇等，2004）。在生态学界，众多国际组织如国际生物学计划（International Biological Programme，IBP）、人与生物圈计划（Man and Biosphere Programme，MAB）及国际地圈-生物圈计划（International Geosphere-Biosphere Programme，IGBP）都把生态脆弱性作为重要的研究领域（牛文元，1989）。自此，国内外学者也纷纷开始开展生态环境脆弱性的研究工作（Kovshar and Zotaka，1991；李克让和陈育峰，1996；赵跃龙和张玲娟，1998；杨强，2013；肖欢，2016）。值得注意的是，生态脆弱性的定量研究并不成熟，探讨的问题主要是生态环境脆弱带的现状与形成机理、脆弱性临界值的确定及脆弱生态环境评价等，其中脆弱生态环境评价主要采用建立指标体系的方法（王让会和樊自立，1998）。由于生态系统极其复杂，实际上很难建立一个为大家所公认的统一的指标体系，生态脆弱性的有关研究中，概念模型和定性分析仍占很大比例。当然，目前的生态脆弱性研究正在引入新的研究方法，如非线性方法、多目标线性规划、地理信息系统工具等（刘燕华和李秀彬，2001；黄淑芳，2002；肖欢，2016）。无论如何，进行生态环境的脆弱性评价，不仅对保护生态资源及生态环境有重要作用，而且对土地经营、资源合理利用及国家经济建设也有重要的指导意义。

1.1 脆弱性概念

由于脆弱性涉及自然科学、社会属性、政治经济活动等众多方面，不同知识与研究背景的学者对脆弱性的理解不完全一致。脆弱性在其发展过程中，被赋予了众多定义，表 1.1 列举了几种不同的脆弱性定义。

表 1.1 几种不同的脆弱性定义

作者	年份	定义
Kates	1985	遭受破坏或抵抗破坏的能力
Blaikie et al.	1994	脆弱性是个人或群体的一种特征，其衡量标准是人们预料、调整、抵抗自然灾害并从中恢复的能力
Cutter	1996	脆弱性是个人或群体因为暴露于致灾因子而受到影响的可能性。它是地区致灾因子和社会体系相互作用的产物
Clark et al.	1998	脆弱性是两大变量的函数：暴露度（遭遇灾害事件的风险）、适应能力（包括抵御能力和恢复能力）
Adger et al.	2001	脆弱性是个人、群体或社会的一种状态，具体地说，是对外界压力的调整和适应能力
IPCC	2001	定义一：脆弱性是某一系统气候的变率特征、幅度和变化速率及其敏感性和适应能力的函数。 定义二：脆弱性是指系统易受或没有能力对付气候变化（包括气候变率和极端气候事件）不利影响的程度
UNISDR	2009	脆弱性是一个社区、系统或资产的特点和处境使其易于受到某种致灾因子的损害，包括物理、社会、经济和环境因素等多个方面
UNISDRR	2017	脆弱性是由物理、社会、经济和环境因素或过程决定的状态，这些因素或过程会增加个人、社区、资产或系统对灾害影响的敏感性

表 1.1 列举的定义虽然具有一定的共性，但是，其差异甚至矛盾依然存在：有的定义侧重于暴露度，有的侧重于社会经济特性，还有的着眼于地区综合的抵

御和恢复能力（Hossain，2001）。正如Cutter所说："我们对脆弱性的理解还是混乱的……"（Cutter，1996）。这样的问题缺乏获取唯一解的算法，多数情况下，专家也无法判断是否某一解更合适（Hong，1998）。

掌握脆弱性的分类，有助于厘清概念并克服不同定义带来的干扰。以IPCC的两个不同定义为例，定义一将脆弱性视为敏感性的函数，定义二则认为脆弱性是敏感性的一部分。其实，这样的矛盾和混乱来源于事先假定了上述定义表达的是同一类脆弱性，而实际上，定义一包括自然脆弱性和等同于社会脆弱性的敏感性，定义二则仅指社会脆弱性。因此，要真正理解脆弱性，就必须要掌握脆弱性的类型。

根据特定的研究需要，选择不同的、有明显区分意义的特征，会产生不同的脆弱性分类方法。通常，按照研究内容，脆弱性可分为自然脆弱性和社会脆弱性两大类。自然脆弱性（physical vulnerability）主要关注承灾体对象内部自然属性对致灾因子影响的响应，主要表现为致灾因子强度-承灾体损失关系，即重点关注致灾-成害过程。为此，自然脆弱性研究的主要内容包括：致灾因子发生的强度、频率、持续时间、空间分布等；危险区内人类、经济等分布情况及其因特定灾害事件发生而导致的如人员伤亡率等灾害损失。社会脆弱性（social vulnerability）研究认为，脆弱性是从人类系统内部固有特性中衍生而出的（Clark et al.，1998），其本质是由"某一人类系统将其暴露于某一种灾害下的状况"所决定，某些特定的系统特性将会使人类群体或地区在面对某一类型的灾害时更加脆弱。社会脆弱性的研究内容主要分为两类：关注社会、经济和政治等宏观体系对脆弱性的影响，以及政治、经济和社会等其中某些因素与脆弱性的联系，如贫穷、不公平、边缘化、食物的供给、保险取得的能力、住宅质量等对脆弱性的影响。因此，脆弱性必须厘清是"对谁或对什么的脆弱性"（林冠慧和吴佩瑛，2004）。

此外，按承灾体分类，脆弱性可分为房屋脆弱性、人口脆弱性、经济脆弱性、交通网络脆弱性、生态环境脆弱性等；按研究灾种分类，脆弱性可分为水灾脆弱性、旱灾脆弱性、地震脆弱性等；按研究的空间尺度分类，脆弱性可分为个体脆弱性、家户脆弱性、社区脆弱性、地区脆弱性、国家脆弱性及区域脆弱性。

与物理脆弱性相对应的还有承灾体的易损性。易损性通常是指房屋建筑等承灾体在不同强度致灾因子作用下，发生不同程度破坏的可能性，或者说承灾体达到或超过某个给定破坏状态的超越概率，常用易损性曲线、易损性矩阵（破坏概率矩阵)、破坏比矩阵等形式来表达。

1.2 脆弱性评估进展

1.2.1 脆弱性定性分析研究

脆弱性定性分析研究的重点是了解不同的人类特性如何面对环境的变化，并调整个体行为或社会组织制度以适应环境的变化。定性分析的研究目标是了解人们如何调整其生产制度与结构，以面对灾害的打击、环境的冲击并产生适应的策略。定性分析研究是定量评估模式的基础，这类对人类社会与个体行为的探讨，无疑有利于进一步建立量化模式结构。目前，在脆弱性定性分析研究中，有几个著名的概念模型："风险-危机"（Risk-Hazard，RH）模型（Kates，1985；Burton et al，1978）、"压力-释放"(Pressure-and-Release，PAR）模型（Blaikie et al.，1994）、"地方-风险"(Hazards-of-Place，HOP）模型（Cutter，1996）和BBC模型（Birkmann et al.，2006），每个模型都试图找到产生脆弱性的根本原因并探明其中的联系。

RH概念模型把致灾因子造成的破坏理解为暴露度和承灾体敏感性的函数，又称"遭遇-反应"关系（Kates，1985；Burton et al.，1978）。应用该模型对灾害或者环境、气候影响进行定性分析和定量评估时，一般都强调承灾体对致灾因子或环境冲击的暴露度和敏感性，关注的焦点是致灾因子和灾难后果。Blaikie等（1994）提出了PAR概念模型，即"压力-释放"模型。在该模型中，灾害被明确定义为承灾体脆弱性与致灾因子（扰动、压力或冲击）相互作用的结果，并详细说明了一系列作为根源的社会因子是如何经过"动态压力"和"不安全的环境"两个阶段逐渐产生脆弱性的。Cutter（1996）提出了HOP模型，即灾害与位置模型，关注特定"位置"，为检查"外在的致灾因子"和"隐含的社会因素"是如何共同作用并产生脆弱性提供了良好的平台。Bogardi、Birkmann和Cardona三人共同建立了BBC概念模型，用于理解"致灾因子-脆弱性-风险"发生过程中的关键作用（Birkmann et al.，2006）。BBC模型把脆弱性放在系统反馈环境中考虑，突破了估算承灾体系统缺陷及其损失、损伤、破坏概率的传统模式。

1.2.2 脆弱性定量评估

物理脆弱性或自然脆弱性研究，即致灾强度–承灾体损失（或损失率）相互关系研究，通常都是在明确致灾–成害机理的基础上，在历史统计、野外调查、实验测量和计算机模拟的基础上，采用统计分析等相关数学模型，分析或量化致灾强度–承灾体损失之间的关系。例如，地震住宅脆弱性分析（Alam and Haque，2018）、地震宏观人口脆弱性（聂承静等，2012）、农作物旱灾脆弱性（Yin et al.，2014）。此外，在地震房屋倒损研究中，也有学者进一步分析地震强度与不同房屋破坏等级发生的概率的关系，即地震房屋易损性研究。在该类研究中，通常基于震害测量、地震台震害模拟，构建震害矩阵，并结合专家经验和计算机模拟等，构建易损性曲线，典型的工作如陈颙等通过易损性分类清单法，在一定的地震强度范围内，对三类不同质量（低、中、高）的建筑分别评估损失，得到三类建筑在不同地震强度等级下的平均损失率（陈颙等，1999）；美国联邦应急管理署（FEMA）在《Hazus 地震模型（Hazus 4.2 SP3）技术手册》中也详细构建了不同类型房屋的多种构件在不同地震强度下的易损性曲线①。随着人们对脆弱性的进一步研究，特别是在分析人口与经济宏观脆弱性工作中，学者们发现致灾强度–灾害损失关系在统计角度并不显著（Zhou et al.，2014）。为此，学者们一方面开始尝试将影响灾害损失的区域环境、灾害设防水平等要素纳入其中（Li et al.，2018）；另一方面，在选取致灾因子时，也开始考虑不同致灾要素指标，如台风的大风强度和暴雨强度（Ming et al.，2015；Meng et al.，2021），地震强度的均方根加速度和基本周期对应谱加速度（程诗焱等，2021）。在研究方法上，有多要素统计回归（Xu et al.，2016），以及基于机器学习的相关方法，如广义可加模型（Li et al.，2018；Meng et al.，2021）、决策树（陈军飞等，2020；Ye et al.，2020）、支持向量机（Lou et al.，2012；Xiong et al.，2019）和深度学习（Ahmedd et al.，2021；Saha et al.，2021）等。

在社会脆弱性定量评估研究工作中，由于涉及的指标体系较多，主要采取管理学、统计学等传统的方法，用来获取脆弱性评估多指标的权重值构建脆弱性指

① Federal Emergency Management Agency（FEMA）. 2020. HAZUS Earthquake Model Technical Manual: Hazus 4.2 SP3.

数，或者用来降低脆弱性评估的维度（指标数），或者寻求影响脆弱性的主要因素等，采用的主要方法包括德尔菲法（Kim et al.，2016）、层次分析法（Feloni et al.，2020；Alam and Haque，2018）、模糊层次分析法（Feloni et al.，2020）、最优解距离法（Lee et al.，2013；Alam and Haque，2018）、主成分分析法（Cutter et al.，2003；Chen et al.，2013；Yang et al.，2015）、因子分析法（Zhou et al.，2014；Yang et al.，2015）、综合指数法（黄晓军等，2020）、模糊综合判别法（冯利华和吴樟荣，2001）、数据包络分析（data envelopment analysis，DEA）法（Zhang et al.，2018）等。随着计算机技术的发展，机器学习等方法也逐渐开始用于社会脆弱性的评估，如葛怡等（2006）利用决策树方法具有的构建分类器可视性强、分类精度高、构建过程短等优点，开展了长沙市家户层面的水灾脆弱性评估研究；Ge 等（2013）利用投影寻踪聚类方法，开展了长三角地区的社会脆弱性评估，有效避免了评估指标体系存在信息覆盖不全、信息重叠、权重赋值过于主观等问题。Ge 等（2021）利用投影寻踪聚类法等探讨了中国城市与农村地区社会脆弱性的差异。

表 1.2 列出了开展灾害脆弱性评估工作的一些典型方法及其研究案例。

表 1.2　灾害脆弱性评估的一些典型方法及其案例

作者	年份	应用方法	案例描述
冯利华和吴樟荣	2001	模糊综合判别法	中国的区域脆弱性情况，并对全国 30 个省（自治区、直辖市）的区域脆弱性进行了等级划分
Cutter et al.	2003	主成分分析法	对美国各县级社会脆弱性进行评估时，借助主成分分析法成功实现了指标精简，提高了脆弱性评估的效率
樊运晓等	2020	层次分析法	确定地质灾害、洪涝灾害和地震灾害的脆弱性指标权重分布
Zhou et al.	2014	因子分析法	应用因子分析法，评估了中国省级社会脆弱性，分析了影响脆弱性的主导因素并探索了社会脆弱性的空间格局
Yang et al.	2015	因子分析法与主成分分析法	应用因子分析和主成分分析法，量化了中国省级社会脆弱性，并探讨了脆弱性的空间格局
Chen et al.	2013	主成分分析法	应用主成分分析法，计算了中国长三角地区县级社会脆弱性指数，并分析了脆弱性空间格局
Ge et al.	2013	投影寻踪法	应用投影寻踪方法，计算了中国长三角地区各县的社会脆弱性指数，并分析了脆弱性空间格局

续表

作者	年份	应用方法	案例描述
Ge et al.	2021	投影寻踪聚类法	应用投影寻踪聚类法，探讨了中国城市与农村地区社会脆弱性的差异
黄晓军等	2020	综合指数法	从暴露度、敏感性和适应能力3个维度构建了中国城市高温社会脆弱性评价体系与指数，量化了中国城市高温脆弱性
Zhang et al.	2018	数据包络分析	采用非参数数据包络分析，构建了中国洪水灾害社会脆弱性指数
Zhu et al.	2021	AquaCrop 模型	基于 AquaCrop 作物模型，评估了中国玉米对旱灾的脆弱性
Yue et al.	2019	实验模型与逻辑斯谛函数拟合	通过野外实验，模拟了49场不同类型的冰雹对棉花的打击，基于实验数据和逻辑斯谛函数拟合了冰雹灾害的棉花脆弱性曲线
Ming et al.	2015	多元回归方程	基于多元回归方程，构建了大风-暴雨联合作用与农作物损失的关系方程，即大风-暴雨的农作物损失模型
Yin et al.	2014	基于地理信息系统的环境政策综合气候模型（GEPIC 模型）	基于 GEPIC 模型，构建了全球各大洲旱灾主要作物的脆弱性曲线
Lee et al.	2013	模糊最优解距离法	运用模糊最优解距离法，评估了韩国洪水灾害脆弱性
Kim et al.	2016	德尔菲法	识别了韩国气候变化脆弱性指标并且评估了其脆弱性
Feloni et al.	2020	层次分析法、模糊层次分析法	基于地理信息系统（geographic information system，GIS），运用层析分析和模糊层次分析方法，开展了希腊阿提卡地区洪水脆弱性评估
Alam and Haque	2018	层次分析法与最优解距离法	运用层次分析法与最优解距离法，评估了孟加拉国迈门辛市城市住宅针对地震灾害的物理脆弱性
聂承静等	2012	综合模型	中国地震灾害宏观人口脆弱性评估
陈颙等	1999	统计分析与拟合	通过易损性矩阵构建了4类建筑损失与烈度的脆弱性曲线
程诗焱等	2021	反向传播（BP）神经网络	采用基于 BP 神经网络，同时考虑地震动强度和持时影响，分析了钢筋混凝土（RC）框架结构地震易损性曲面

续表

作者	年份	应用方法	案例描述
葛怡等	2006	决策树	应用决策树，评估了洞庭湖区县域水灾社会脆弱性
Li et al.	2018	广义可加模型	利用广义可加模型，评估了青藏高原畜牧业雪灾脆弱性
Meng et al.	2021	广义可加模型	利用广义可加模型，评估了海南省台风大风-暴雨联合下的受灾人口脆弱性
陈军飞等	2020	随机森林	利用随机森林和可变模糊集，评估了南京市城市洪涝脆弱性
Ye et al.	2020	随机森林	利用广义可加模型、随机森林和增强回归树，评估了青藏高原畜牧业雪灾脆弱性
Lou et al.	2012	支持向量机	利用支持向量机，评估了浙江省热带气旋灾害脆弱性
Xiong et al.	2019	支持向量机	利用支持向量机，评估了中国县级尺度山洪灾害脆弱性
Ahmedd et al.	2021	深度学习方法	利用深度学习方法，评估了孟加拉国布拉马普特拉河流域洪水灾害脆弱性
Saha et al.	2021	深度学习方法	利用深度学习方法，评估了不丹滑坡灾害脆弱性

1.2.3 小结

综上，灾害脆弱性研究取得了较大的进展。按照研究内容，脆弱性可分为自然脆弱性和社会脆弱性两大类。从脆弱性评估的对象而言，以房屋建筑、人口、社会经济和生态环境为主，对交通网络等基础设施功能脆弱性的研究较为缺乏；从灾害种类而言，以地震、洪水、台风、干旱等较为常见，对多灾种和灾害链（disaster chain，DC）的脆弱性研究较为缺乏。

自然脆弱性针对自然致灾因子做脆弱性分析是十分必要的，但是，仅局限于此并不足以理解脆弱性的复杂性和动态过程（Stonich，2000）。此外，在自然脆弱性分析中，致灾因子的作用被过分强调，以致忽略或弱化社会结构和人类活动对脆弱性的放大和减小作用（Lambert，1994）。换句话说，它把脆弱性视为附加于社会的问题，而没有意识到脆弱性同时也是社会自身的问题（Hewitt，1997）。而社会脆弱性强调社会、经济等因素对灾情的影响，能较好地解释区域灾害的形成过程，然而，社会脆弱性涉及指标多、定量评估困难。最理想的脆弱性研究应该同时包含自然脆弱性与社会脆弱性两个方面，自然脆弱性提供自然环境变化的基础，而社会脆弱性则提供人类特性的变化基础，两者结合使灾害及环境冲击的研究能够更加完整。

1.3 本书研究目标、内容及其技术框架

1.3.1 研究目标与内容

本书重点在理解多灾种重特大自然灾害的群发、链发和遭遇关系基础上，针对省市县不同层次的不同多灾种类型及主要承灾体，建立系统性的脆弱性评价指标和评估方法，量化多灾种致灾要素与典型承灾体损害之间的关系，刻画承灾体受灾后结构与功能的恢复能力和效率，分析针对多灾种的主要承灾体脆弱性评估关键技术，构建不同承灾体的脆弱性曲线或破坏矩阵，阐明多灾种重大自然灾害对主要承灾体的成害与恢复过程和机制。

具体内容包括：

1）多灾种重大自然灾害房屋建筑、重要基础设施物理脆弱性评估。针对区域地震地质和台风洪涝多灾种情景，研究房屋建筑、重要基础设施在多灾种共同作用下的损害过程、恢复过程及其表现形式；提出建筑类型、建筑材料、结构形式、建造年代等房屋建筑和重要基础设施承灾体脆弱性评估指标体系；从物理脆弱性各构成要素之间的相互作用关系出发，基于脆弱性的形成过程和表现特征，考虑多灾种之间因发生时间、影响范围、影响效果等耦合而呈现的复杂伴随关系、触发关系和多米诺关系，按照复杂程度对耦合效应进行分类，构建多灾种耦合致灾定量评估模型，并开展项目案例区多灾种作用下房屋建筑、重要基础设施物理脆弱性定量评估。

2）多灾种重大自然灾害重要基础设施网络功能脆弱性评估。基于复杂系统网络理论，针对案例区典型多灾种、典型基础设施网络（交通、电力等），构建基础设施网络数据平台，探究基础设施网络拓扑结构与功能关系，挖掘多灾种对重要基础设施网络造成影响的网络传递路径与成灾过程；结合设计标准、结构类型等，提出能够表征基础设施网络脆弱性指标；研发多灾种重点基础设施网络功能脆弱性定量评估模型，实现区域多灾种重点基础设施网络功能脆弱性评估；提

出提高基础设施网络的可靠性改进策略，形成重大灾害事件下基础设施网络可恢复最优策略理论。

3）多灾种重大自然灾害社会经济、生态环境脆弱性评估。针对暴雨洪涝、地震滑坡等多灾种重大自然灾害，在理解多灾种群发、链发和遭遇的基础上，采用因果链结构等方法，分析多灾种对社会经济与生态环境的影响，阐明多灾种成害过程；在省、市、县等不同尺度，构建区域人口、经济、生态环境脆弱性与恢复力评估指标体系；考虑多致灾因子间的耦合、链式等规律，构建多灾种重大灾害社会经济脆弱性评估模型，在项目案例区开展多灾种社会经济和生态环境的脆弱性评估。

1.3.2 技术框架

针对上述研究内容，本书的组织框架如表 1.3 所示。

表 1.3 本书的多灾种脆弱性评估组织框架

<table>
<tr><th>承灾体对象</th><th>对象单元</th><th>多灾种案例</th><th>案例区域</th></tr>
<tr><td rowspan="3">房屋建筑</td><td rowspan="3">单体/单类</td><td>地震-滑坡灾害链</td><td>川藏地区</td></tr>
<tr><td>地震-泥石流灾害链</td><td>四川地区</td></tr>
<tr><td>台风-风暴潮灾害遭遇</td><td>海南省</td></tr>
<tr><td rowspan="2">公路基础设施</td><td rowspan="2">路段</td><td>大风-暴雨灾害遭遇</td><td>海南省</td></tr>
<tr><td>暴雨-洪涝灾害链</td><td>福建省</td></tr>
<tr><td rowspan="4">社会经济（人口、经济、生态环境）</td><td rowspan="4">区域</td><td>大风-暴雨灾害遭遇</td><td>海南省</td></tr>
<tr><td>地震-滑坡灾害链</td><td>汶川地震灾区</td></tr>
<tr><td>暴雨-滑坡灾害链</td><td>贵州省毕节市和六盘水市</td></tr>
<tr><td>旱涝急转灾害群</td><td>陕西省榆林市和延安市</td></tr>
</table>

1.4 参考文献

陈军飞，李倩，邓梦华，等. 2020. 基于随机森林与可变模糊集的城市洪涝脆弱性评估. 长江流域资源与环境，(11)：2551-2562.

陈颙，陈棋福，陈凌. 1999. 地震损失预测评估中的易损性分析. 中国地震，15（2）：97-105.

程诗焱，韩建平，于晓辉，等．2021．基于BP神经网络的RC框架结构地震易损性曲面分析：考虑地震动强度和持时的影响．工程力学，38（12）：107-117.

樊运晓，罗云，陈庆寿．2020．区域承灾体脆弱性综合评价指标权重的确定．灾害学，1：86-88.

冯利华，吴樟荣．2001．区域易损性的模糊综合评判．地理学与国土研究，17（2）：63-66.

葛怡，史培军，刘婧，等．2006．中国水灾社会脆弱性评估方法的改进与应用——以长沙地区为例．自然灾害学报，14（6）：54-58.

黄淑芳，2002．主成分分析及MAPINFO在生态环境脆弱性评价中的应用．福建地理，17（1）：47-49.

黄晓军，王博，刘萌萌，等．2020．中国城市高温特征及社会脆弱性评价．地理研究，39（7）：1534-1547.

李克让，陈育峰．1996．全球气候变化影响下中国森林的脆弱性分析．地理学报，51（增刊）：40-49.

林冠慧，吴佩瑛．2004．全球变迁下脆弱性与适应性研究方法与方法论的探讨．全球变迁通讯杂志，（43）：33-38.

刘燕华，李秀彬．2001．脆弱性生态环境与可持续发展．北京：商务印书馆．

聂承静，杨林生，李海蓉．2012．中国地震灾害宏观人口脆弱性评估．地理科学进展，31（3）：375-382.

牛文元．1989．生态环境脆弱带ECOTONE的基础判定．生态学报，（2）：97-105.

商彦蕊．2000．自然灾害综合研究的新进展——脆弱性研究．地域研究与开发，19（2）：73-77.

史培军．1991．论灾害研究理论与实践．南京大学学报（自然科学版），11（增刊）：37-42.

王介勇，赵庚星，王祥峰，等．2004．论我国生态环境脆弱性及其评估．山东农业科学，2：9-11.

王让会，樊自立．1998．塔里木河流域生态脆弱性评价研究．干旱环境监测，12（4）：218-223.

肖欢．2016．基于ANN模型的四川省生态环境脆弱性评价研究．成都：成都理工大学．

杨强．2013．基于遥感的榆林地区生态脆弱性研究．南京：南京大学．

赵跃龙，张玲娟．1998．脆弱生态环境定量评价方法的研究．地理科学进展，17（1）：67-72.

Adger W N，Kelly P M，Ninh N H. 2001. Living with Environmental Change：Social Resilience，Adaptation，and Vulnerability in Vietnam. London：Routledge.

Ahmed N，Hoque M A A，Arabameri A，et al. 2021. Flood susceptibility mapping in Brahmaputra floodplain of Bangladesh using deep boost，deep learning neural network，and artificial neural network. Geocarto International，37（25）：8770-8791.

Alam M S, Haque S M. 2018. Assessment of urban physical seismic vulnerability using the combination of AHP and TOPSIS models: A case study of residential neighborhoods of Mymensingh City, Bangladesh. Journal of Geoscience and Environment Protection, 6 (2): 165-183.

Birkmann J, Dech S, Hirzinger G, et al. 2006. Measuring vulnerability to promote disaster-resilient societies: Conceptural frameworks and definitions//Birkmann J. Measuring Vulnerability to Natural Hazards: Towards Disaster Resilient Societies. Tokyo: UNU-Press.

Blaikie P, Cannon T, Davis I, et al. 1994. At Risk: Natural Hazards, People's Vulnerability and Disasters. New York: Routledge.

Burton I, Kates R W, White G F. 1978. The Environment as Hazard. Oxford: Oxford University Press.

Carter W. 1992. Disaster Management: A Disaster Manager's Handbook. Manila: Asian Development Bank.

Chen W, Cutter S L, Emrich C T, et al. 2013. Measuring social vulnerability to natural hazards in the Yangtze River Delta region, China. International Journal Disaster Risk Science, 4: 169-181.

Clark G E, Moser S C, Ratick S J, et al. 1998. Assessing the vulnerability of coastal communities to extreme storms: The case of Revere, MA, USA. Mitigation and Adaptation Strategies for Global Change, 3 (1): 59-82.

Cutter S L. 1996. Vulnerability to environmental hazards. Progress in Human Geography, 20 (4): 529-539.

Cutter S L, Boruff B J, Shirley W L. 2003. Social vulnerability to environmental hazards. Social Science Quarterly, 84 (2): 242-261.

Cutter S L, Mitchell J T, Scott M S. 2000. Revealing the vulnerability of people and places: A case study of Georgetown County, South Carolina. Annals of the Association of American Geographers, 90 (4): 713-737.

Feloni E, Mousadis I, Baltas E. 2020. Flood vulnerability assessment using a GIS-based multi-criteria approach–The case of Attica region. Journal of Flood Risk Management, 13 (S1): e12563.

Ge Y, Dou W, Gu Z. et al. 2013. Assessment of social vulnerability to natural hazards in the Yangtze River Delta, China. Stochastic Environmental Research and Risk Assessment, 27: 1899-1908.

Ge Y, Dou W, Wang X, et al. 2021. Identifying urban-rural differences in social vulnerability to natural hazards: A case study of China. Natural Hazards, 108: 2629-2651.

Glade T. 2003. Vulnerability assessment in landslide risk analysis. Die Erde, 134 (2): 123-146.

Hewitt K. 1997. Regions at Risk: A Geographical Introduction to Disasters. London: Longman.

Hong N S. 1998. The Relationship between Well-Structured and Ⅲ-Structured Problem Solving in Multimedia Simulation. Pennsylvania: Pennsylvania State University.

Hossain S M N. 2001. Assessing Human Vulnerability due to Environmental Change: Concepts and Assessment Methodologies. Stockholm: Department of Civil and Environmental Engineering Royal Institute of Technology.

IPCC. 2001. Climate change 2001: the scientific basis//Houghton J T, Ding Y, Griggs D J, et al. Contribution of Working Group Ⅰ to the Third Assessment Report of the Intergovernmental Panel on Climate Change. Cambridge: Cambridge University Press.

IPCC. 2012. Summary for policymakers// Field C B, Barros V, Stocker T F, et al. Managing the Risks of Extreme Events and Disasters to Advance Climate Change Adaptation A Special Report of Working Groups Ⅰ and Ⅱ of the Intergovernmental Panel on Climate Change. Cambridge: Cambridge University Press: 1-19.

Kates R W. 1985. The interaction of climate and society//Kates R W, Ausubel J H, Berberian M. Climate Impact Assessment. SCOPE 27. New York: Wiley.

Kim H G, Lee D K, Jung H, et al. 2016. Finding key vulnerable areas by a climate change vulnerability assessment. Natural Hazards, 81: 1683-1732.

Kovshar A F, Zatoka A L. 1991. Localization and infrastructure of preserves in the arid area of the USSR. Problemy Osvoeniya Pustyn, (314): 155-161.

Lambert R J. 1994. Monitoring local food security and coping strategies: Lessons from information collection and analysis in Mopti, Mali. Disasters, 18 (4): 322-343.

Lee G, Jun K S, Chun E S. 2013. Integrated multi-criteria flood vulnerability approach using fuzzy TOPSIS and Delphi technique. Natual Hazards and Earth System Sciences, 13 (5): 1293-1312.

Li Y, Ye T, Liu W, et al. 2018. Linking livestock snow disaster mortality and environmental stressors in the Qinghai- Tibetan Plateau: Quantification based on generalized additive models. Science of the Total Environment, 625: 87-95.

Lou W, Chen H, Shen X, et al. 2012. Fine assessment of tropical cyclone disasters based on GIS and SVM in Zhejiang Province, China. Natural Hazards, 64 (1): 511-529.

Meng C, Xu W, Qiao Y, et al. 2021. Quantitative risk assessment of population affected by tropical cyclones through joint consideration of extreme precipitation and strong wind—A case study of Hainan Province. Earth's Future, 9 (12): e2021EF002365.

Ming X, Xu W, Li Y, et al. 2015. Quantitative multi- hazard risk assessment with vulnerability surface and hazard joint return period. Stochastic Environmental Research Risk Assessment, 29: 35-44.

Saha S, Sarkar R, Roy J, et al. 2021. Measuring landslide vulnerability status of Chukha, Bhutan using deep learning algorithms. Scientific Reports, 11 (1): 1-23.

Stonich S, 2000. The Human Dimensions of Climate Change: The Political Ecology of Vulnerability, in Department of Anthropology Environmental Studies. California: University of California.

UNDRR. 2017. Sendai Framework Terminology on Disaster Risk Reduction. https://www.undrr.org/terminology[2023-07-19].

UNISDR. 2009. Terminology on Disaster Risk Reduction. The United Nations International Strategy for Disaster Reduction (UNISDR). Geneva, Switzerland.

Varnes D J. 1984. Landslides hazard zonation: A review of principles and practice. UNESCO, Paris: 63.

White G, Haas J E. 1975. Assessment of Research on Natural Hazards. Cambridge: MIT Press.

Xiong J, Li J, Cheng W, et al. 2019. A GIS-based support vector machine model for flash flood vulnerability assessment and mapping in China. International Journal of Geo-Information, 8 (7): 297.

Xu C, Xu X, Shen L, et al., 2016. Optimized volume models of earthquake-triggered landslides. Scientific Reports, 6 (1): 29797.

Yang S, He S, Du J, et al. 2015. Screening of social vulnerability to natural hazards in China. Natural Hazards, 76: 1-18.

Ye T, Liu W, Mu Q, et al. 2020. Quantifying livestock vulnerability to snow disasters in the Tibetan Plateau: Comparing different modeling techniques for prediction. International Journal of Disaster Risk Reduction, 48: 101578.

Yin Y Y, Zhang X M, Lin D G, et al. 2014. GEPIC-V-R model: A GIS-based tool for regional crop drought risk assessment. Agricultural Water Management, 144: 107-119.

Yue Y, Zhou L, Zhu A, et al. 2019. Vulnerability of cotton subjected to hail damage. PLoS One, 14 (1): e0210787.

Zhang M, Xiang W, Chen M, et al. 2018. Measuring social vulnerability to flood disasters in China. Sustainability, 10 (8): 2676.

Zhou Y, Li N, Wu W, et al. 2014. Assessment of provincial social vulnerability to natural disasters in China. Natural Hazards, 71: 2165-2186.

Zhu X, Xu K, Liu Y, et al. 2021. Assessing the vulnerability and risk of maize to drought in China based on the AquaCrop model. Agricultural Systems, 189: 103040.

第2章 多灾种重大自然灾害房屋建筑脆弱性评估

本章主要以四川为例，开展地震-泥石流灾害链房屋建筑易损性评估，以川藏地区为例，开展地震-滑坡灾害链 RC 框架结构房屋脆弱性评估，以及以海南省为例，开展台风-风暴潮灾害遭遇民居脆弱性定量评估。

2.1 四川地区地震-泥石流灾害链房屋建筑易损性

建筑物经验易损性分析主要是依据历史上所发生灾害的灾情资料，经统计分析得到的灾害强度与房屋建筑受损程度之间关系，由于各地建筑形式不同，抗灾能力不同，故经验易损性曲线的建立及应用均具有一定的地域性。该方法所源于的历史数据不仅可以客观反映房屋建筑破坏的实际情况，还能涵盖建造质量、建筑年代以及建筑物的改造维护情况等对结构性能有影响的因素，对群体结构或区域性的易损性分析具有良好的适应性。

四川地区山地地貌发育，地震频发，夏季降雨充沛，具有典型的地震-滑坡、地震-暴雨-泥石流多灾种区域灾害特征，特别是2008年汶川地震以后，该地区泥石流形成的基本雨量条件大幅降低，很多地区连年遭受滑坡、泥石流灾害，严重威胁居民的生命财产安全。丰富多样的灾害资料也为研究该地区多灾种问题提供了素材，为构建经验易损性曲线提供了样本。

地震单灾种房屋建筑经验易损性研究已有大量的研究成果（Spence et al.，1992；高惠瑛等，2010；吕大刚等，2009；孙柏涛和张桂欣，2012；尹之潜，1996），相较于地震，泥石流的历史灾情数据少，房屋建筑致灾机理复杂、破坏形态多样，缺乏统一的破坏等级划分标准，再加之灾害强度表征手段尚未达成统一认识，国内外对房屋建筑泥石流易损性的研究非常有限（Rheinberger et al.，2013；Jakob et al.，2012；Romang et al.，2003），且大部分以经济损失来表征建筑的受损程度，仅个别学者如 Romang 等（2003）使用结构有效破坏表征建筑损伤建立易损性曲线。此外，多灾种问题致灾因子多，灾种之间因发生时间、影响范围、影响效果等因素而呈现出复杂的耦合关系（卢颖等，2015），相关基础理论均不成熟，数值模拟手段仅适用于单体房屋，难以满足区域性群体房屋建筑易损性分析的需要。

为此，本节针对四川地区典型的地震-泥石流灾害链，以该地区最常见的砖混结构类型房屋为研究对象，基于历史灾害资料，使用半经验半理论的分析方法解析致灾程度之间的耦合关系，探索多灾种房屋建筑易损性定量模型的构建方法，为多灾种风险防范提供基础，也为多灾种间复杂的耦合作用关系摸索解决方案。

2.1.1 灾害强度指标选择和房屋建筑破坏等级划分

选择合适的灾害强度指标是进行灾害易损性科学分析的基础，进行房屋建筑破坏等级的划分是区分不同程度受损房屋易损性分析的关键，对于构建地震-泥石流灾害链易损性模型，两者缺一不可。同时，考虑到由于各类房屋结构的灾后损坏差异较大，本节选取西南地区较为典型的砖混结构房屋开展多灾种灾害链的房屋易损性研究，为群体建筑地震-泥石流灾害链下经验易损性模型探索构建方法。

1. 地震强度指标选择

选择合适的地震动强度表征指标是地震易损性分析的前提。地震动强度常采用一系列的参数来衡量，目前用于表征地震动强度的参数有 30 余种，总体来说可以将其归纳为三类（于晓辉等，2008）：第一类是宏观的物理量，如宏观地震烈度；第二类是直接由强震动观测记录得到的单一地震动参数，如峰值加速度（PGA）、峰值速度（PGV）、峰值位移（PGD）等；第三类是结构反应参数，如谱加速度（Sa）、谱速度（Sv）、谱位移（Sd）等。随着强震仪的出现和发展，地震动的基本工程参数，如地震动峰值（PGA、PGV 等）可直接通过强震观测记录得到，因这些参数具有客观、简便等特点，开始作为地震动水平的表征指标在易损性研究中广泛使用。自《中国地震动参数区划图》（GB 18306—2015）颁布实施以来，我国现行结构抗震设计规范以地震烈度和地震动参数（PGA、Sa）双轨并行，未来以 PGA 取代烈度作为地震动参数是大势所趋。

四川省地震局提供的历史震害数据以宏观地震烈度代表区域地震强度，地震烈度仅可构建离散型的易损性矩阵，而连续的易损性曲线则需要直接观测记录的地震动参数，考虑到 PGA 较为直观，选取 PGA 为地震动强度参数，采用烈度表给出的烈度与 PGA 的对应值进行转换，从表 2.1 中可以直接得到每一烈度对应的 PGA。

表 2.1 《中国地震烈度表》(GB/T 17742—2020) 中地震烈度与 PGA 的对应关系

（单位：m/s^2）

地震烈度	PGA	范围值
Ⅵ	6.53×10^{-1}	4.57×10^{-1} ~ 9.36×10^{-1}
Ⅶ	1.35	9.37×10^{-1} ~ 1.94
Ⅷ	2.79	1.95 ~ 4.01
Ⅸ	5.77	4.02 ~ 8.30

2. 泥石流强度指标选择

强度指标代表了泥石流各物理参数对承灾体的作用大小，是泥石流易损性分析的重要部分。流深和流速反映了泥石流体的特性和规模，是表征泥石流破坏力的两个关键参数，若仅以流深表征泥石流强度，会导致对高层建筑的易损性评估过高，而低矮建筑物则会被低估（Totschnig et al., 2011)。泥石流对建筑的破坏力成因复杂，破坏作用在流经路径上呈“强—弱—强”起伏变化，受建筑物空间分布的影响（胡凯衡等，2012)。Jakob 等（2012）对比了泥石流流速（v)、流深（d)、v^2d 和 vd^2 4 个强度指标与泥石流损坏程度的关系后，认为 v^2d 最宜作为泥石流强度因子以构建易损性函数。该指标的物理意义接近于动能的表达式 $E_k=0.5mv^2$，既可表现泥石流冲击能量的大小，同时也能反映泥石流淤埋深度与建筑物破坏的关系。综上，采用 Jakob 等（2012）提出的泥石流强度指标 v^2d 用于经验泥石流易损性研究。并将泥石流灾害强度等级按以 10 为底的对数形式递增，依次为 0 ~ $1m^3/s^2$、1 ~ $10^1m^3/s^2$、10^1 ~ $10^2m^3/s^2$、10^2 ~ $10^3m^3/s^2$，划分为低强度、中强度、高强度和极高强度四个等级，便于统计灾损数据。

3. 地震作用下房屋破坏等级划分

房屋建筑的地震易损性旨在描述地震动强度与房屋破坏程度之间的关系，故对建筑结构的破坏等级进行划分是地震易损性分析的关键环节。易损性分析中常用的破坏准则大致可分为五类（吴善香，2015）：宏观破坏准则、强度准则、变形准则、能量准则及综合变形和能量的双重破坏准则，不同的破坏准则对应不同的性能参数。后四种破坏准则常用于理论易损性研究。在经验易损性分析中，由于地震现场评估的模糊性、主观性，破坏等级的划分主要依据宏观破坏情况进行判断。一般将房屋的破坏状态按照如表2.2所示的地震下建筑物破坏等级划分为五个等级。《建（构）筑物地震破坏等级划分》（GB/T 24335—2009）针对不同结构类型的特点对各破坏状态进行了较为详细的描述，由于本节是直接采用已有的地震现场调查资料，在此不赘述。

表2.2　地震下建筑物破坏等级

破坏等级	破坏状态描述
基本完好	建筑物承重和非承重构件完好，或个别非承重构件轻微损坏，不加修理可继续使用
轻微破坏	个别承重构件出现可见裂缝，非承重构件有明显裂缝，不需要修理或稍加修理即可继续使用
中等破坏	多数承重构件出现轻微裂缝，部分有明显裂缝，个别非承重构件破坏严重，一般修理后可使用
严重破坏	多数承重构件破坏较严重，非承重构件局部倒塌，房屋修复困难
毁坏	多数承重构件严重破坏，房屋结构濒于崩溃或已倒塌，已无修复可能

采用宏观破坏准则划分的破坏等级，通常以震害指数作为性能参数对每一个破坏等级进行量化。震害指数是描述建筑物地震破坏程度的定量指标，参考《中国地震烈度表》（GB/T 17742—2020），给出破坏等级及相应的震害指数范围及中值，如表2.3所示。

表2.3　破坏等级及相应的震害指数范围及中值

破坏等级	基本完好	轻微破坏	中等破坏	严重破坏	毁坏
震害指数范围	[0.00，0.10)	[0.10，0.30)	[0.30，0.55)	[0.55，0.85)	[0.85，1.00]
震害指数中值	0.00	0.20	0.40	0.70	1.00
简易房屋震害指数中值	0.00	0.35	0.85		

需要指出的是，《地震现场工作　第4部分：灾害直接损失评估》（GB/T

18208. 4—2011）将土、木、石结构等归为“简易房屋”，同时将其破坏等级分为毁坏（原毁坏与严重破坏合并）、破坏（原中等破坏与轻微破坏合并）和基本完好三个等级。基于此，将砖木结构、土木结构和藏式民居三类房屋均视作简易房屋，破坏状态划分为三个等级。

4. 泥石流作用下房屋破坏等级划分

目前国内外尚无专门针对泥石流的建筑物破坏等级评定的相关标准，各国学者结合实际灾害现场调研需要，提出了一些建筑物的泥石流破坏分级方法。泥石流作用下建筑物受损机理表明，泥石流不仅会对结构构件及非结构构件造成损坏，还会掏空地基、淤埋或浸泡建筑，这些破坏形态会加大修复难度，增加重建费用，造成使用功能丧失。结合现行的《建（构）筑物地震破坏等级划分》（GB/T 24335—2009），参考《甘肃省舟曲特大山洪泥石流灾区受损建筑物安全性应急鉴定技术导则》中的有关规定，以“承重构件的破坏程度为主，兼顾非承重构件的破坏程度，并考虑修复的难易和功能丧失程度的高低”为基本原则，以半定量的方式给出砖混结构的破坏等级划分标准，泥石流下建筑物破坏等级的划分标准如表 2. 4 所示。砖混结构各破坏等级的损伤描述如表 2. 5所示。破坏等级共分为基本完好、轻微破坏、中等破坏、严重破坏和毁坏 5 个级别。为了与地震破坏等级的量化统一，以便于后续进行地震-泥石流灾害链易损性分析，每一破坏等级下结构的宏观破坏现象与破坏程度均与地震中的结构损伤程度量值统一，即同一破坏等级具有相同的损伤程度（中值）。

表 2. 4　泥石流下建筑物破坏等级的划分标准

破坏等级	损伤程度（中值）	破坏程度	破坏形式
基本完好	0 ~ 0. 1（0）	使用功能正常，不加修理可继续使用	轻微淤积为主
轻微破坏	0. 1 ~ 0. 3（0. 2）	基本使用功能不受影响，稍加修理可继续使用	淤埋或冲淘、轻微结构损伤
中等破坏	0. 3 ~ 0. 55（0. 4）	基本使用功能受到一定影响，修理后可使用	部分结构破坏
严重破坏	0. 55 ~ 0. 85（0. 7）	基本使用功能受到严重影响，难以修复或无修复价值	主体结构破坏
毁坏	0. 85 ~ 1（1）	使用功能丧失，已无修复可能	冲毁、倒塌

表 2.5　砖混结构各破坏等级的损伤描述

破坏等级	破坏状态描述		
	砖混结构承重和非承重构件	地基失效情况	浸泡或淤积情况
基本完好	承重墙和非承重墙完好，个别门窗和墙面部分轻微损坏	地基基础基本维持原状	墙面有冲刷、磨损的痕迹，底层地面无浸泡淤积或轻微浸泡淤积
轻微破坏	个别承重墙出现轻微受损，个别非承重墙有明显裂缝，部分门窗受损	个别地基处出现掏空现象	淤积厚度小于 1/4 房屋高度
中等破坏	少数承重墙体损坏，部分有明显裂缝，部分非承重墙损坏严重或被打穿	部分地基被掏空，基础出现下沉现象	淤积厚度小于 1/2 房屋高度
严重破坏	部分承重墙损坏严重或被打穿，多数非承重墙倒塌，部分楼屋盖塌落	多数地基被掏空，基础下沉，上部结构明显倾斜	淤积厚度超过 1/2 房屋高度
毁坏	房屋承重墙体受损比例超过 40%，整体残留部分不足 50%	地基掏空导致房屋下沉倾斜严重，濒于倒塌或被冲毁	房屋整体淤埋

注：破坏数量用语含义：个别、少数宜取 10% 以下；部分宜取 10% ~50%；多数宜取 50% 以上。

5. 灾害链作用下房屋破坏等级划分及描述

为评估地震–泥石流灾害链事件对房屋建筑的最终破坏状态，需拟定一个可作为地震–泥石流灾害链下房屋破坏等级的判定标准。建筑物在地震和泥石流作用下的损伤响应差异较大，对应同一破坏等级的破坏状态描述也不同。基于每一破坏等级相同的损伤量值，将地震和泥石流每一破坏等级对应的宏观破坏现象进行组合，取其并集，给出综合破坏状态，地震–泥石流灾害链下砖混结构破坏等级的判定详见表 2.6。

表 2.6　地震–泥石流灾害链下砖混结构破坏等级的判定

破坏等级	综合破坏状态
基本完好	承重结构基本完好，个别非结构构件有轻微损坏；墙面有冲刷、磨损痕迹

续表

破坏等级	综合破坏状态
轻微破坏	个别承重墙轻微受损，部分非结构构件受损有明显损坏；淤积厚度小于 1/4 房屋高度；个别地基处出现掏空现象
中等破坏	少数承重墙体损坏，部分非承重墙损坏严重；淤积厚度小于 1/2 房屋高度；部分地基被掏空，基础下沉
严重破坏	部分承重墙损坏严重，多数非承重墙倒塌，非结构构件损坏严重；淤积厚度超过 1/2 房屋高度；基础下沉，整体结构明显倾斜
毁坏	多数墙体严重破坏，整体残余不足半数；房屋下沉倾斜严重，结构濒临倒塌或被冲毁；或是房屋整体淤埋

2.1.2 单灾种房屋建筑的易损性曲线

1. 历史灾情数据

地震–泥石流灾害链下房屋建筑经验易损性分析样本包括历史地震和历史泥石流两部分灾情统计数据。基于四川省地震局提供震害数据，并结合文献调研（曾超等，2012；黄勋，2015；黄勋和唐川，2016），系统梳理了 1993 ~ 2020 年四川地区发生的 5 级及以上共计 24 次地震中的砖混结构房屋受损数据作为地震易损性分析样本。

相比于地震，泥石流灾害中房屋受损数据有限。2008 年汶川地震以后，地表坡体产生的大量松散物质为泥石流提供了丰富的物源基础，同时临界雨量降低，极易引发泥石流灾害。其中较为典型的有：2010 年 8 月 13 ~ 14 日，绵竹市清平乡 11 条沟谷同时暴发泥石流，淤埋清平乡场镇（许强，2010）；都江堰市龙池区暴发泥石流灾害 44 处，冲毁、淤埋沟口堆积区居民建筑，堵塞龙溪河（屈永平等，2015）；2013 年 7 月 10 ~ 11 日，岷江上游泥石流灾害集群性发生，造成都汶高速多处断道，岷江沿岸大量民房和工厂被冲毁（邹强等，2014）。文献（曾超，2014；黄勋，2015）对上述三次泥石流事件中房屋建筑的受损情况进行了调研统计，本节以此作为泥石流下房屋建筑易损性分析样本数据来源。

2. 地震经验易损性曲线

依据《建（构）筑物地震破坏等级划分》（GB/T 24335—2009）划分标准，24 次地震作用下砖混结构房屋破坏比如表 2.7 所示。由此可建立地震作用下砖混结构的易损性矩阵（叶肇恒等，2019），如表 2.8 所示。

表 2.7　24 次地震作用下砖混结构房屋破坏比　　（单位:%）

地震烈度	发震时间	震级	震中	破坏等级				
				毁坏	严重破坏	中等破坏	轻微破坏	基本完好
Ⅵ	1996. 2. 28	5. 4	四川宜宾	0	2	16. 8	43. 4	37. 8
	1999. 11. 30	5. 0	四川绵竹汉旺	0	0	4	10	86
	2001. 5. 24	5. 8	四川盐源	0	8	20	32	40
	2008. 5. 12	8. 0	四川汶川	0. 91	1. 94	4. 32	10. 28	82. 55
	2008. 8. 30	6. 1	四川仁和-会理	0	0	1. 04	6. 53	92. 43
	2013. 4. 20	7. 0	四川芦山	0	0. 14	7. 93	21. 28	70. 65
	2013. 8. 31	5. 9	云南香格里拉、德钦-四川德荣	0	0	6. 03	28. 16	65. 81
	2014. 11. 22	6. 3	四川康定	0	0	2. 18	27. 05	70. 77
	2015. 1. 14	5. 0	四川乐山金口河	0	0	1. 14	22. 33	78. 53
	2017. 9. 30	5. 4	四川青川	0	0	0	5. 77	94. 23
	2018. 10. 31	5. 1	四川西昌	0	0	0	5. 82	94. 18
	2019. 9. 8	5. 4	四川威远	0	0. 02	0. 29	7. 10	92. 59
	2019. 12. 18	5. 2	四川资中	0	0. 02	0. 22	2. 02	97. 74
Ⅶ	1996. 2. 28	5. 4	四川宜宾	0	11. 2	38. 8	34. 6	15. 4
	2001. 5. 24	5. 8	四川盐源	10	18	36	25	11
	2008. 5. 12	8. 0	四川汶川	2. 95	5. 37	10. 58	26. 4	54. 7
	2008. 8. 30	6. 1	四川仁和-会理	0	1. 35	2. 61	14. 51	81. 53
	2013. 4. 20	7. 0	四川芦山	0. 38	3. 22	10. 38	32. 25	53. 77
	2013. 8. 31	5. 9	云南香格里拉、德钦-四川德荣	0	4. 58	16. 67	20	58. 75
Ⅷ	2008. 5. 12	8. 0	四川汶川	10. 81	21. 89	23. 73	19. 26	24. 31
	2008. 8. 30	6. 1	四川仁和-会理	4. 93	15. 84	26. 8	26. 16	26. 27
	2013. 4. 20	7. 0	四川芦山	2. 57	14. 98	31. 42	34. 56	16. 47

续表

地震烈度	发震时间	震级	震中	破坏等级				
				毁坏	严重破坏	中等破坏	轻微破坏	基本完好
Ⅸ	2008. 5. 12	8. 0	四川汶川	29. 32	18. 77	44. 95	6. 49	0. 47
	2013. 4. 20	7. 0	四川芦山	17. 09	39. 67	25. 86	10. 26	7. 12

表 2.8　地震作用下砖混结构的易损性矩阵　（单位：%）

地震烈度	毁坏	严重破坏	中等破坏	轻微破坏	基本完好
Ⅵ	0. 07	0. 93	4. 92	17. 06	77. 02
Ⅶ	2. 22	8. 73	20. 01	26. 73	42. 31
Ⅷ	6. 10	17. 57	27. 32	26. 66	22. 35
Ⅸ	23. 20	29. 22	35. 41	8. 38	3. 79

选择双参数的对数正态分布函数为回归模型构建易损性曲线。双参数的对数正态分布随机变量 X 的概率密度函数和分布函数为

$$f(x)=\begin{cases}\dfrac{1}{x\sigma\sqrt{2\pi}}\exp\left[-\dfrac{1}{2\sigma^2}(\ln x-\mu)^2\right],x>0\\0,x\leqslant 0\end{cases}\tag{2.1}$$

$$F(x)=\Phi\left(\frac{\ln x-\mu}{\sigma}\right)=\Phi\left[\frac{\ln(x/c)}{\zeta}\right]\tag{2.2}$$

式中，$\Phi(x)$ 为标准正态分布函数；μ 和 σ 分别为变量 x 对数的均值和标准差，其中 $\mu=\ln c$，即 $c=e^{\mu}$，$\zeta=\sigma$；该分布函数在作为易损性回归模型时，通常采用中位值 c 和对数标准差 ζ 作为对数正态分布函数的双参数。

选定对数正态分布函数作为易损性函数模型后，对应的表达式为

$$F(x)=P(\mathrm{DS}\geqslant \mathrm{ds}_i\mid x)=\Phi\left[\frac{\ln(x/c)}{\zeta}\right]\tag{2.3}$$

式中，$F(x)$ 为某种破坏等级（ds_i）下的易损性函数；$P(x)$ 为给定灾害强度 x 时，建筑响应（DS）为达到或超过破坏状态 ds_i 的概率。

利用 Origin 软件，选择对数正态分布函数，结合表 2. 8，对砖混结构各破坏等级超越概率按最小二乘法求双参数进行回归，得到的基于 PGA（单位：g，$g=9.8\mathrm{m/s^2}$）的砖混结构地震易损性曲线如图 2. 1 所示，对应的砖混结构易损性曲线双参数汇总于表 2. 9。

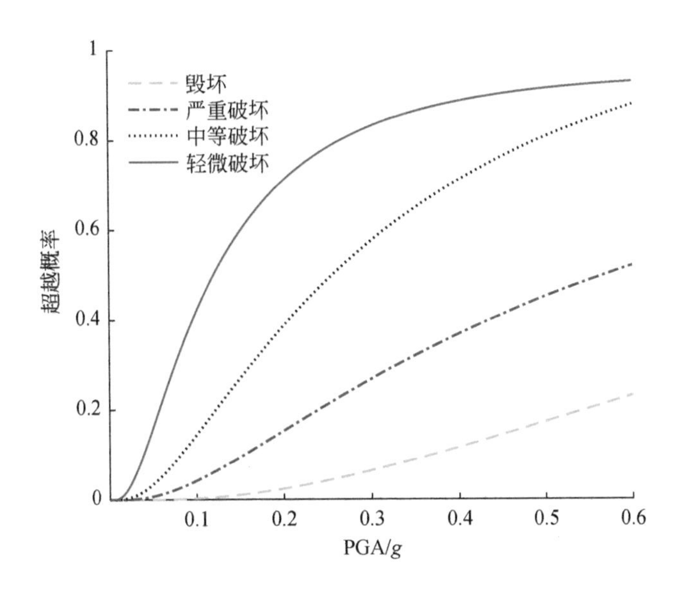

图 2.1　砖混结构地震易损性曲线

表 2.9　砖混结构易损性曲线双参数

灾害类型	参数值	毁坏	严重破坏	中等破坏	轻微破坏
地震	c	1.178	0.577	0.244	0.125
	ζ	0.943	1.034	0.902	0.938
泥石流	c	110.2	51.9	23.4	7.0
	ζ	1.478			

3. 泥石流易损性曲线

依据前述的泥石流强度表征手段和泥石流作用下房屋破坏等级划分方法，对砖混结构房屋泥石流灾害数据（曾超，2014；黄勋，2015）进行重新归类，得到如表 2.10 所示的泥石流砖混结构房屋样本归类统计，进一步得到如表 2.11 所示的砖混结构泥石流易损性矩阵。

基于同步估计法和对数正态分布函数，使用 Matlab 软件回归并绘制出砖混结构的易损性曲线，如图 2.2 所示，对应的易损性曲线双参数汇总于表 2.9。

表 2.10　泥石流砖混结构房屋样本归类统计

泥石流强度等级	样本总量	毁坏	严重破坏	中等破坏	轻微破坏	基本完好
低	17	0	0	0	4	13
中	22	0	2	7	10	3
高	203	65	71	42	25	0
极高	105	89	5	11	0	0

表 2.11　砖混结构泥石流易损性矩阵　（单位：%）

泥石流强度等级	毁坏	严重破坏	中等破坏	轻微破坏	基本完好
低	0	0	0	24	76
中	0	9	32	45	14
高	32	35	21	12	0
极高	85	5	10	0	0

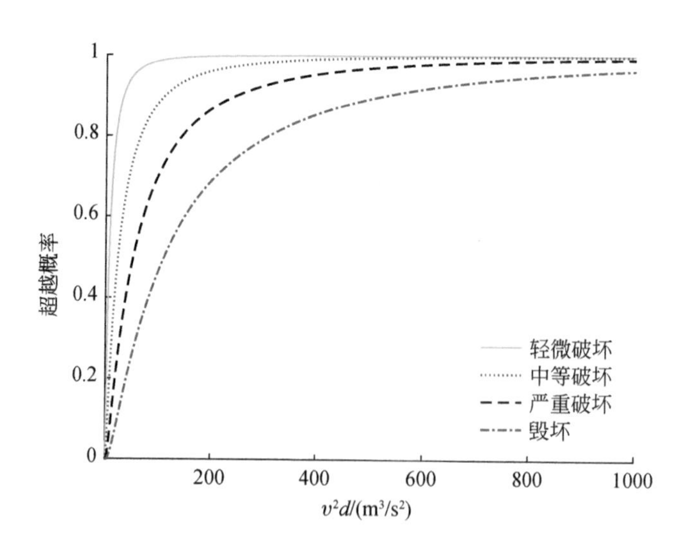

图 2.2　砖混结构泥石流易损性曲线

v-泥石流流速；d-流深

2.1.3 地震–泥石流作用下房屋易损性分析

1. 地震–泥石流下耦合致灾机理

针对重复受灾的承灾体，承灾体易损性改变是灾害链导致灾害损失放大的主要因素，因此开展灾害链致灾过程中承灾体的易损性变化分析是灾害链易损性评估的关键。

在所研究的地震–泥石流灾害链中，房屋建筑作为承灾体，在某一特定区域内，建筑物在地震–泥石流灾害链中受灾过程如图 2.3 所示。可以看出，在上、下级灾害风险传递过程中，建筑物在地震中遭到不同程度的破坏后，若未得到及时有效的修理和加固处理，结构的性能改变，易损性发生变化，随后的泥石流灾害就会对建筑物造成更为严重的破坏，这使得区域灾害风险远比单一的灾害风险更大。

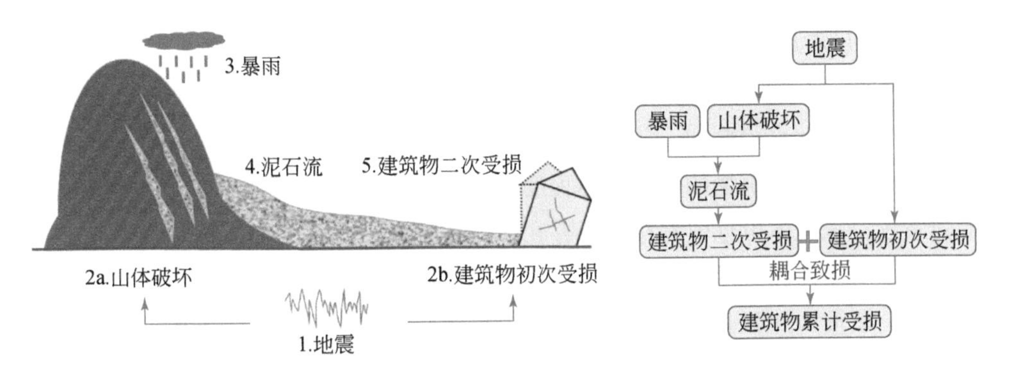

图 2.3 建筑物在地震–泥石流灾害链中受灾过程示意图

在地震–泥石流灾害链作用下，共同作用区的建筑物处于一个重复受灾的过程。在泥石流作用来临前，建筑物可能已经处于地震造成的某一破坏状态，其易损性也相应地发生了变化。对比建筑物分别在地震和泥石流单灾种作用下的典型受损形态，地震和泥石流都会引起结构承重构件和非承重构件的损坏，并且这种作用的先后发生会使损伤叠加，产生累积放大效应，使得建筑物在后一种灾害作用下的破坏概率增加。综上可知，由于建筑物的易损性在灾害链过程中发生动态变化，灾害链造成的建筑物破坏将大于各灾害单独作用于建筑物造成的破坏的叠加。在进行灾害链易损性评估时，必须考虑这种易损性变化带来的影响。

2. 地震–泥石流灾害链致灾耦合模型构建

单灾种的易损性分析是基于灾害强度与结构损伤响应之间的定量关系，得到易损性曲线。在多灾种的易损性分析中，由于灾害强度参数的增加，要考虑多个（含两个）灾害强度因素对房屋建筑破坏概率的影响，其易损性计算模型为

$$F_m(x) = P_m(\mathrm{DS} \geqslant \mathrm{ds}_i \mid I_1 = x_1 \cap I_2 = x_2 \cap \cdots \cap I_n = x_n) \tag{2.4}$$

式中，$F_m(x)$ 为多灾种易损性函数；I_1，I_2，…，I_n 为不同灾害的强度参数；x_1，x_2，…，x_n 为对应的灾害强度；$\mathrm{DS} \geqslant \mathrm{ds}_i$ 表示建筑物的损伤 DS 达到或超过某个破坏状态 ds_i。

如前所述，易损性函数定义了结构在不同灾害强度作用下达到不同破坏状态的超越概率。根据德摩根定律，文献（Liu et al.，2015）给出了在多灾种作用下建筑损伤达到某破坏状态的超越概率计算公式，即

$$1 - P_m = \prod_{i=1}^{n} (1 - P_{H_i}) \tag{2.5}$$

式中，P_m 为多灾种作用下的破坏状态超越概率；P_{H_i} 为第 i 个灾种对应的破坏状态超越概率；n 为灾种数量。可以看出，式（2.5）实质是将各灾种视为独立发生，将其易损性直接叠加，并未考虑灾种之间的耦合关系对建筑物的影响。

地震所造成建筑物的不同破坏程度对其易损性的影响不同。对于震后已毁坏的建筑物，承灾体可近似看作不复存在，泥石流不能再对其造成破坏；严重破坏时，因承重构件和非承重构件均破坏严重，此时建筑物具有极高的易损性；中等破坏时，承重构件和非承重构件出现一定程度的破坏，建筑物抗力相应下降一部分，对应的易损性也会有所加大；轻微破坏时，重要承重构件无损伤，易损性发生轻微变化；基本完好时，建筑物可看作仍保持初始状态，易损性未受影响。

为了定量描述地震破坏对建筑物易损性的影响，将震后建筑物所处的破坏等级视为初始破坏等级，将每一级初始破坏等级对结构抗力的影响量化为修正系数 λ_i，对应于各初始破坏等级的修正系数如表 2.12 所示。修正系数实质上代表了初始破坏对建筑物易损性的削弱程度。

表 2.12　对应于各初始破坏等级的修正系数

初始破坏等级	基本完好	轻微破坏	中等破坏	严重破坏	毁坏
修正系数	1	0.9	0.6	0.2	0

在本节所探讨的地震-泥石流灾害链中，记原生灾害地震为 H_1，次生灾害泥石流为 H_2，灾害链的耦合关系会使建筑物易损性发生变化，使得建筑物在后一种灾害作用下的破坏概率增加。基于此，对式（2.5）进行改进，提出多灾种易损性计算公式为

$$F_m(x)=P_m=1-(1-P_{H_1})(1-P'_{H_2}) \tag{2.6}$$

$$P'_{H_2}=\frac{P_{H_2}}{\alpha} \tag{2.7}$$

式中，P_{H_1}、P_{H_2}分别为地震、泥石流在某破坏状态下的超越概率；P'_{H_2}为经修正后的泥石流超越概率；α 为综合修正系数，即考虑不同初始破坏等级的修正系数综合值，其计算式如式（2.8）所示。值得注意的是，因概率值理论上不能超过 1，因此在进行概率修正时，若 $P'_{H_2}>1$，则取 1。

$$\alpha=\sum_{i=1}^{5}\lambda_i P(\mathrm{DS}=\mathrm{ds}_i \mid H_1) \tag{2.8}$$

式中，P（$\mathrm{DS}=\mathrm{ds}_i \mid H_1$）为在 H_1作用下建筑物达到初始破坏等级 ds_i 的概率；λ_i 为对应于各破坏等级的修正系数，取值见表 2.12。

3. 地震-泥石流下房屋易损性曲面和脆弱性曲面

以砖混结构为例，对模型进行应用，将表 2.9 得到的砖混结构地震单灾种和泥石流单灾种的易损性函数分别代入式（2.6）~式（2.8）中，即可得到砖混结构在地震-泥石流灾害链作用下的易损性。同时分析灾害链耦合效应对建筑物易损性的影响，计算不进行概率修正的砖混结构灾害链易损性。基于计算结果，以地震强度 PGA 和泥石流强度 v^2d 为坐标作各破坏状态超越概率的易损性曲面，如图 2.4 所示。

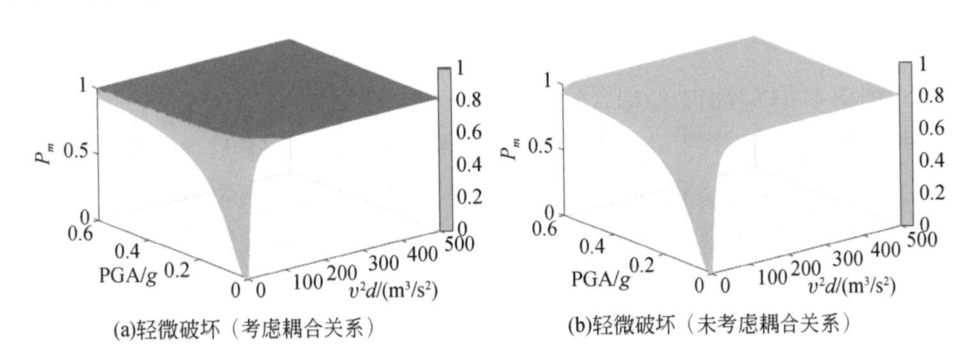

(a)轻微破坏（考虑耦合关系）　(b)轻微破坏（未考虑耦合关系）

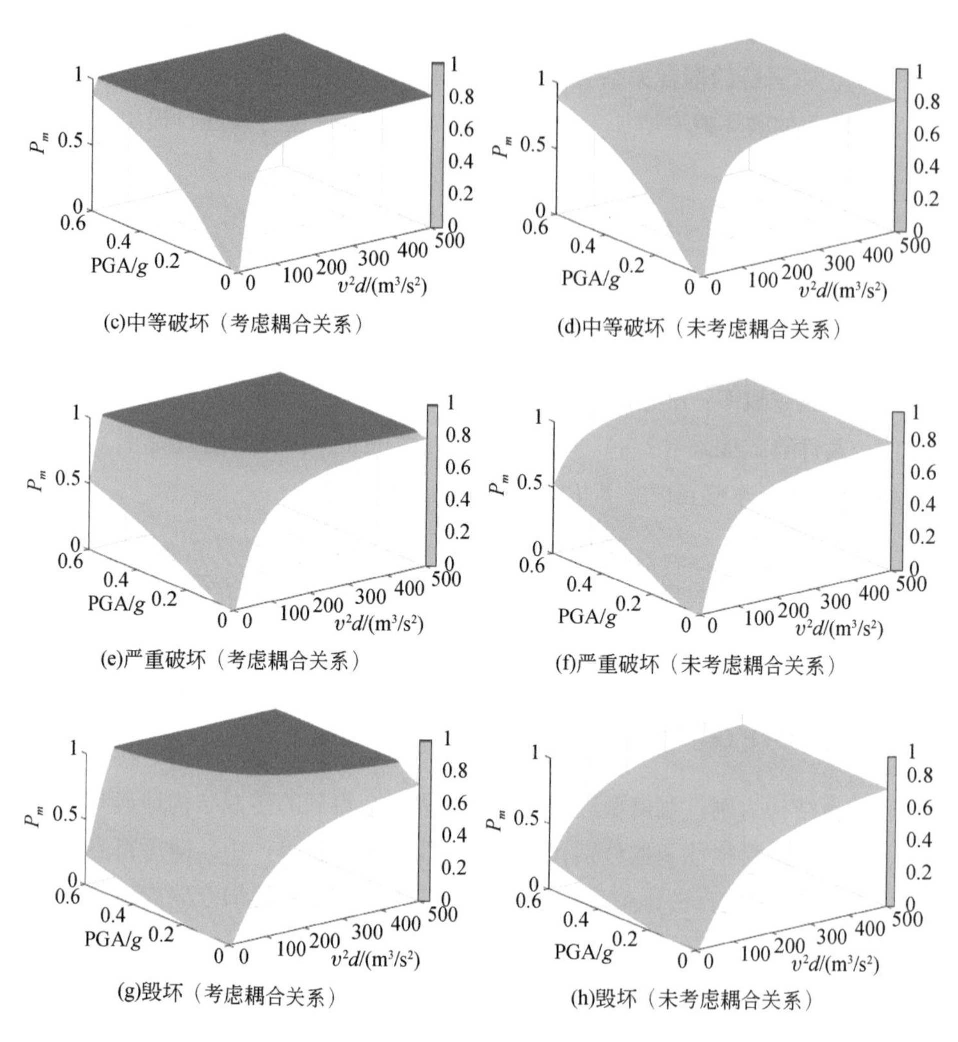

(c)中等破坏（考虑耦合关系）

(d)中等破坏（未考虑耦合关系）

(e)严重破坏（考虑耦合关系）

(f)严重破坏（未考虑耦合关系）

(g)毁坏（考虑耦合关系）

(h)毁坏（未考虑耦合关系）

图 2.4　各破坏状态超越概率的砖混结构易损性曲面

由图 2.4 可以看出，经耦合分析后，砌体结构的易损性有所上升，但是在各个破坏状态下的易损性上升幅度有所差别。轻微破坏下，耦合后的易损性与未考虑耦合关系的易损性几乎没有差别，随着破坏等级的增加，可以看到耦合关系对房屋易损性的影响越来越显著。据砖混结构在泥石流作用下的易损性分析结果，随着泥石流强度的增加，砖混结构达到超越轻微破坏的状态的概率很快就接近于 1，这种情况下耦合关系对其轻微破坏概率的修正影响微乎其微。因此，修正模型对建筑物最终破坏状态的影响，很大程度取决于房屋在泥石流单独作用下的易损性。

为了进一步给出一定强度灾害作用下房屋建筑的损失程度，即得到地震-泥石流灾害下的脆弱性曲面，以表 2.6 中各破坏等级对应的损失程度中值来定量描述房屋建筑的损失程度。根据图 2.4 中各破坏等级下的超越概率，可以算出一定强度灾害下各破坏等级发生的概率，即用式（2.9）可得到一定强度灾害下的损失率。由此即可得到地震-泥石流灾害下的砖混结构脆弱性曲面，如图 2.5 所示。

$$L_{ij}=p_1L_1+p_2L_2+p_3L_3+p_4L_4+p_5L_5 \tag{2.9}$$

式中，L_{ij}为地震强度（i）、泥石流强度（j）作用下砖混结构房屋的损失率；p_i（$i=1\sim5$）分别表示一定强度的地震、泥石流灾害作用下砖混结构发生轻微破坏、中等破坏、严重破坏、完全破坏和倒塌破坏的概率；L_i（$i=1\sim5$）分别表示砌体结构轻微破坏、中等破坏、严重破坏、完全破坏和倒塌破坏对应的损失程度中值。

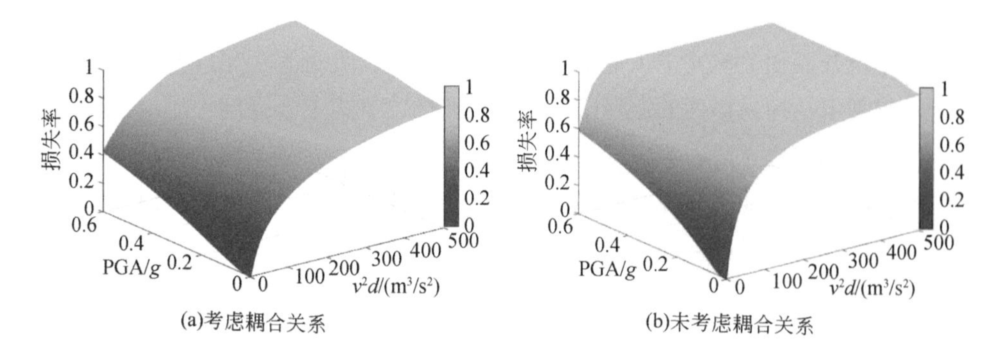

图 2.5　地震-泥石流灾害下的砖混结构脆弱性曲面

2.2　川藏地区地震-滑坡灾害链框架结构房屋理论易损性

2.2.1　地震-滑坡灾害链房屋结构易损性进展

1. 滑坡作用下结构易损性

滑坡灾害主要涉及滑坡的危险性分析和房屋结构的易损性分析两类问题。滑坡灾害的危险性分析是滑坡灾害下结构易损性分析的基础，早期的滑坡灾害研究主要集中在滑坡危险性分析（乔建平和赵宇，2001）。

滑坡对房屋结构影响主要通过脆弱性分析或易损性分析来评定，或者说房屋建筑的物理脆弱性或易损性反映其抵抗滑坡灾害的能力，二者最终得到的分析结果表现形式不同，但在分析过程中有相似之处。如前所述，脆弱性分析是为结构定义 0～1 的损伤参数，确定结构在灾害下的损伤程度或损失比例；而易损性分析是确定结构在灾害作用下达到各损伤状态的超越概率。在滑坡灾害下结构脆弱性研究多采用半定量研究（Peduto et al.，2017），Setyawan 等（2016）通过结合航拍照片和现场调查相验证，对 Bompon 地区建筑物进行半定量的脆弱性评估；Singh 等（2019）采用指标法对印度北阿坎德邦（Uttarakhand）地区部分建筑选取 15 个损伤指标，评估其在滑坡灾害下的脆弱性。

在对区域性的建筑开展易损性或脆弱性分析时多采用定性或半定量方法，而对单体建筑开展相关研究采用定量方法才更加准确，吴越等（2011）展开了一系列滑坡灾害下结构易损性的定量研究，以滑坡体冲量为灾害强度、建筑结构抗剪力为性能指标，建立滑坡灾害性结构易损性模型，并建立基于坡角和坡高的易损性曲面；以滑坡体冲击能作为灾害强度指标、结构变形能作为性能指标，建立结构损毁程度与灾害强度之间的量化关系。在定量研究中，需要将滑坡作用通过功能关系与结构变形能相结合简化冲击力用于结构响应分析，而早期的研究在计算简化力时未考虑到滑坡体滑程中及碰撞过程中的能量损耗，毕钰璋等（2018）、吴越等（2012）就滑坡过程中及冲击时能量损耗展开研究。近年来，参考上述滑坡简化模型，研究者们开展了输电塔、桥梁、防撞墩及房屋结构在滑坡灾害下的易损性研究（司鹊等，2015），本节基于上述简化模型来分析滑坡对房屋结构的影响。

2. 地震–滑坡下房屋结构易损性

多灾种结构易损性是指结构在两个或两个以上灾害作用下的结构易损性分析。有关多灾种下结构易损性或脆弱性分析，已有的研究非常有限。Ming 等（2014）利用 Copula 函数建立了强风和洪水的联合概率分布，基于灾害重现期和脆弱性曲面计算了多灾害下农作物的损失概率；Ellingwood 等（2004）对轻型框架木结构进行了风–地震联合作用下结构易损性分析；Martin 等（2019）对大跨度悬索桥梁进行风和地震同时作用下的动力分析，建立了风速、地震峰值加速度与破坏状态的易损性曲面，并使用卷积理论计算了年度失效概率。Zheng 等（2019）基于历史风速数据和地震动记录对 42 层框架核心筒结构进行时程分析，利用 Copula 函数进行危险性分析，得到了风-地震多灾种易损性曲面。

在目前的结构多灾种易损性研究中，主要考虑风与地震耦合作用下的结构易损性曲面，关于地震-滑坡耦合作用下结构易损性分析尚处于起步阶段。历次地震引发大量的滑坡灾害，Xu 等（2014；2015）和 Tian 等（2016）利用遥感影像等分别对汶川地震、芦山地震及甘肃岷县地震后诱发滑坡灾害进行危险性分析，汶川地震引发 197 481 处滑坡，芦山地震引发 14 580 处滑坡，岷县地震引发 3322 处滑坡。因此，有必要开展地震-滑坡多灾种结构易损性研究。

由于地震-滑坡灾害链历史灾害资料有限，加之滑坡灾害对房屋建筑等工程结构的影响大都表现为“完全摧毁”或“没波及”两种后果，尚未查阅到有关地震-滑坡联合作用对房屋结构影响的研究，故本节以常见的钢筋混凝土框架结构房屋为对象，采用数值模拟方法研究地震-滑坡灾害链下的易损性曲面。

2.2.2 易损性分析方法

根据 Cornell 等（2002）提出的工程需求参数（engineering demand parameter，EDP）与灾害动强度指标（intensity measures，IM）之间的对数线性关系（指数关系），如式（2.10），对结构在灾害作用下的结构响应和灾害强度之间的统计分析建立关系。

$$\mathrm{EDP}=A\,(\mathrm{IM})^{B} \tag{2.10}$$

对等式两边同时取对数，得

$$\ln(\mathrm{EDP})=A\ln(\mathrm{IM})+B \tag{2.11}$$

式中，A、B 均为统计回归系数。当工程需求参数（EDP）为结构最大层间位移角$\theta_{\max}$，灾害强度参数（IM）取地震动峰值加速度，则式（2.11）可写为

$$\ln(\theta_{\max})=A\ln(\mathrm{PGA})+B \tag{2.12}$$

假定在结构受到地震作用时，工程需求参数和地震动强度值服从对数正态分布，结构响应大于某一特定极限状态的概率也是服从对数正态分布的，因此特定阶段的失效概率 P_{f} 可由式（2.13）确定。

$$P_{\mathrm{f}}=P(\mu_{\mathrm{d}}/\mu_{\mathrm{c}}\geqslant 1)=\Phi\left[\frac{\ln(\mu_{\mathrm{d}}/\mu_{\mathrm{c}})}{\sqrt{\beta_{\mathrm{d}}^{2}+\beta_{\mathrm{c}}^{2}}}\right]=\Phi\left[\frac{\ln(\mu_{\mathrm{d}})-\ln(\mu_{\mathrm{c}})}{\sqrt{\beta_{\mathrm{d}}^{2}+\beta_{\mathrm{c}}^{2}}}\right] \tag{2.13}$$

式中，Φ 为标准正态分布函数；μ_{d} 为结构的工程需求参数；μ_{c} 为结构的抗灾能力参数；β_{d} 为工程需求参数的对数标准差；β_{c} 为抗震能力对数标准差，可取0.3。

将式（2.12）代入式（2.13），可得特定灾害强度作用下结构处于特定阶段的失效概率为

$$P_{\mathrm{f}}=\Phi\left[\frac{A\ln(\mathrm{PGA})+B-\ln(\theta_{\mathrm{c}})}{\sqrt{\beta_{\mathrm{d}}^{2}+\beta_{\mathrm{c}}^{2}}}\right] \tag{2.14}$$

$$\beta_{\mathrm{d}}=\sqrt{\frac{\sum_{i=1}^{N}\left[\ln(D)-\ln(m_{\mathrm{d}})\right]^{2}}{N-2}} \tag{2.15}$$

$$\beta=\sqrt{\beta_{\mathrm{d}}^{2}+\beta_{\mathrm{c}}^{2}} \tag{2.16}$$

式中，m_{d} 为结构在地震动各峰值加速度（PGA）强度作用下的地震需求的中位值；θ_{c} 为位移角；N 为用于分析的地震动条数；HAZUS 99 中建议（于晓辉和吕大刚，2016），当IM以Sa为自变量进行分析时，对数标准差$\sqrt{\beta_{\mathrm{d}}^{2}+\beta_{\mathrm{c}}^{2}}$可取为0.4；当IM以PGA为自变量进行分析时，可取对数标准差$\sqrt{\beta_{\mathrm{d}}^{2}+\beta_{\mathrm{c}}^{2}}$为0.5。

2.2.3 地震灾害链框架结构的理论易损性分析

1. 地震动强度参数与结构响应参数

如前所述，由于房屋建筑的地震易损性是描述地震动强度与结构响应之间的关系，首先需要明确地震动强度参数和结构响应参数。考虑到此处的理论地震易损性分析是基于单体结构的动力时程分析结果，时程分析输入的是加速度时程曲线，故表征地震强弱的地震强度参数采用地震峰值加速度PGA。PGA具有较强的客观性，且易于获取，故而被大多数国家结构抗震设计规范作为地震动强度参数，也被研究人员广泛用于易损性研究的地震动强度输入参数。

动力时程分析得到的结构响应可以用层间位移角、侧移、内力、能量指标等参数来表征，框架结构常用顶点位移、最大层间位移角及基底剪力作为响应参数，本节以各楼层的最大层间位移角作为结构在地震和泥石流作用下的响应参数。

为了确定结构超过各极限状态的概率，需对结构的极限状态进行合理的定义。将结构的破坏等级划分为Ⅰ级（基本完好 DS_1）、Ⅱ级（轻微破坏 DS_2）、Ⅲ级（中等破坏 DS_3）、Ⅳ级（严重破坏 DS_4）、Ⅴ级（毁坏 DS_5）五个破坏等级，用最大层间位移角θ_{max}作为判断极限状态的量化破坏指标，即结构损伤指标。结构性能极限状态即性能水准，用于描述结构破坏状态，是结构两相邻破坏状态的界限值，四个性能极限状态划分五个破坏等级。

结构最大层间位移角 θ_{max} 为 1/550、1/250、1/120、1/50 时分别作为结构四个性能极限状态 $LS_i(i=1\sim5)$ 的性能极限指标；相应的当最大层间位移角 $\theta_{max}<1/550$、$1/550<\theta_{max}<1/250$、$1/250<\theta_{max}<1/120$、$1/120<\theta_{max}<1/50$ 和 $\theta_{max}>1/50<$ 时分别对应 DS_i（$i=1$，2，3，4，5）五个结构破坏状态，如图 2.6 所示。

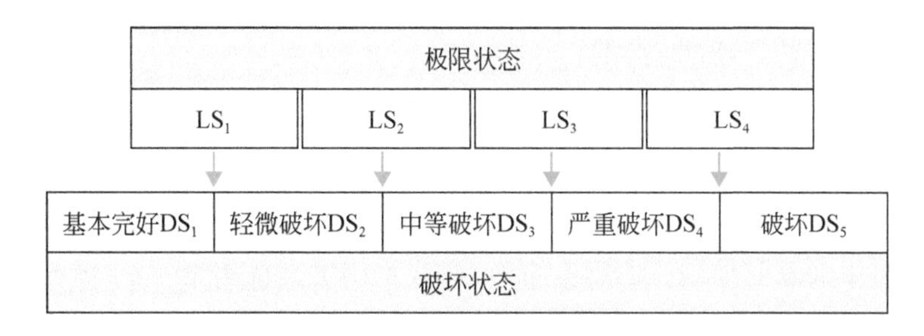

图 2.6　极限状态与破坏状态的对应关系

2. 数值模型

使用结构分析软件 SAP2000 对 RC 框架结构进行建模分析，主要步骤包括建立模型、荷载工况定义、运行分析等。

（1）框架结构概况

以某典型的四层 RC 框架结构为研究对象，典型案例结构尺寸如图 2.7 所示，纵向 5 跨，横向 3 跨，跨度均为 6000mm，层高均为 3600mm，楼板厚度为 120mm，柱截面 700mm×700mm，梁截面 700mm×300mm，纵筋为 HRB400，箍筋为 HRB335，结构梁、柱、板混凝土均为 C30，抗震设防烈度为 8 度（0.2g），设计地震分组为第二组，场地类别为Ⅱ类，场地特征周期为 0.55s，阻尼比$\zeta=0.05$。

（2）材料定义

选用随动（kinematic）滞回模型为钢筋的滞回模型，武田（Takeda）滞回模

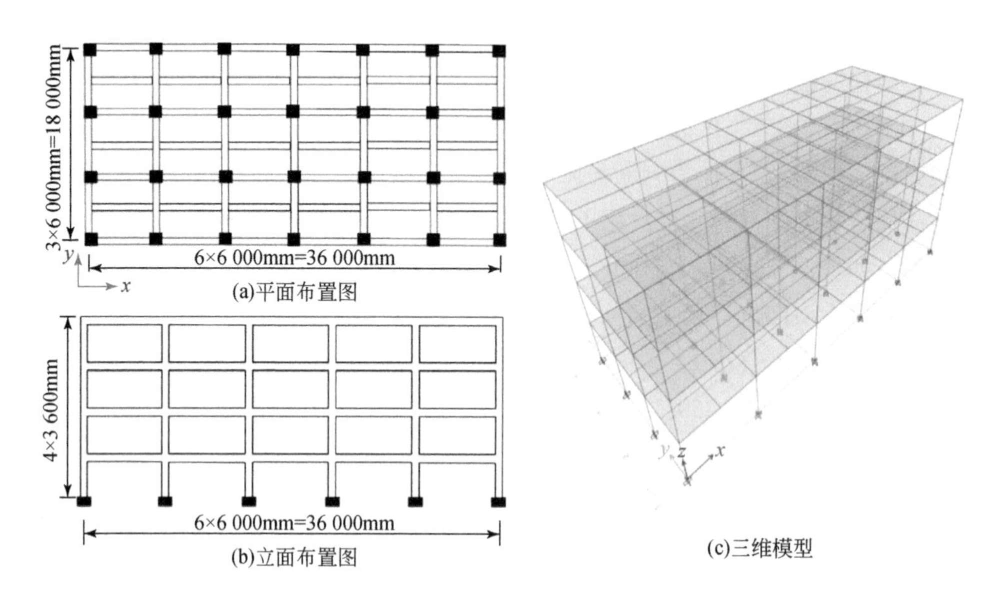

图 2.7　典型案例结构尺寸

型作为混凝土的滞回模型，混凝土应力-应变本构关系选用 Mander 模型；钢筋应力-应变关系采用 Simple 模型。用框架单元来模拟框架梁和框架柱，完成框架梁柱截面定义后将其布置于轴网，并进行剖分。

（3）塑性铰定义

结构中构件材料屈服和屈服后的非线性行为是通过定义铰属性来模拟，包括弯矩铰、扭矩铰、轴力铰、剪力铰及耦合的 P-M2-M3 铰，模型在框架梁两端布置 M3 铰，在框架柱两端布置纤维 P-M2-M3 铰。

（4）地震动记录的选取

为减少地震动不确定性对结构响应的不利影响，根据标准反应谱进行匹配，选择 7 条地震动记录进行结构响应分析，根据《建筑抗震设计规范（附条文说明）(2016 年版)》(GB 50011—2010）对结构时程分析的相关规定，天然波的条数不少于总地震波条数的三分之二，因此选取天然波 5 条、人工波两条。本模型的基本参数为：抗震设防烈度 8 度（0.2g），设计地震分组为第二组，场地类别为Ⅱ类，场地特征周期 0.55s，阻尼比 ζ= 0.05，设防地震下影响系数为 α_{max} = 0.45。根据以上参数生成标准反应谱，通过选波软件 Quake Manager 选取反应谱与标准反应谱拟合程度较好的地震动记录，然后通过 PEER 网站下载相应的地震动记录数据，选取 5 条天然波。采用软件 SeismoArtif 生成两条人工波。将所选地震动记录的基本信息列于表 2. 13，其中 GM1、GM2、GM3、GM4、GM5 为天然波，GM-R1、GM-R2 为人工波，表中各地震动的 RSN 码是唯一确定的，可通过 RSN 码在 PEER 网站下载相应的地震动记录。

表 2. 13　所选地震动记录的基本信息

编号	RSN	年份	名称	台站	PGA/g	持续时间/s
GM1	RSN1161	1999	Kocaeli，Turkey	Gebze	0. 135 34	27. 995
GM2	RSN728	1987	Superstition Hills-02	Westmorland fire Sta	0. 170 58	59. 99
GM3	RSN175	1979	Imperial Valley-06	El centro Array #12	0. 144 92	39. 065
GM4	RSN3751	1992	Cape Mendocino	South Bay Union School	0. 143 19	28. 39
GM5	RSN1511	1999	Kocaeli，Turkey	Balikesir	0. 257 77	89. 995
GM-R1	—	—	—	—	0. 204 59	30
GM-R2	—	—	—	—	0. 211 00	30

将所选 5 条天然波、2 条人工波的反应谱及反应谱均值与标准反应谱绘制，得到图 2. 8 所示的地震动反应谱曲线。GM1、GM4、GM-R1、GM-R2 加速度时程持续时间小于等于 30s，取整条加速度时程用于时程分析；GM2、GM3 加速度时程持续时间大于 30s 取前 30s 加速度时程用于时程分析；GM5 原始记录前 21s 加速度值均在零附近波动，因此截去前 20. 005s 取之后 30s 的加速度时程用于时程分析。

（5）地震动调幅

地震动调幅是对选取的地震动记录时程根据目标峰值与地震动记录本身峰值的比例进行放大或缩小，调幅可以改变地震波的峰值，但并不改变地震动本身的频谱特性。调幅的比例系数可通过式（2. 17）计算确定。

$$\lambda = \frac{U_{\max}^{i}}{A_{\max}} \tag{2.17}$$

式中，$U_{\max}^{i}$ 为第 i 次经调幅拟获取地震动的峰值，时程分析一般会对同一地震动进行多次调幅；$A_{\max}$ 为地震动原记录的峰值；λ 为调幅系数。根据式（2. 17）可得调幅后拟得地震动时程计算式（2. 18）：

$$u_i(t) = \lambda_i a(t) \tag{2.18}$$

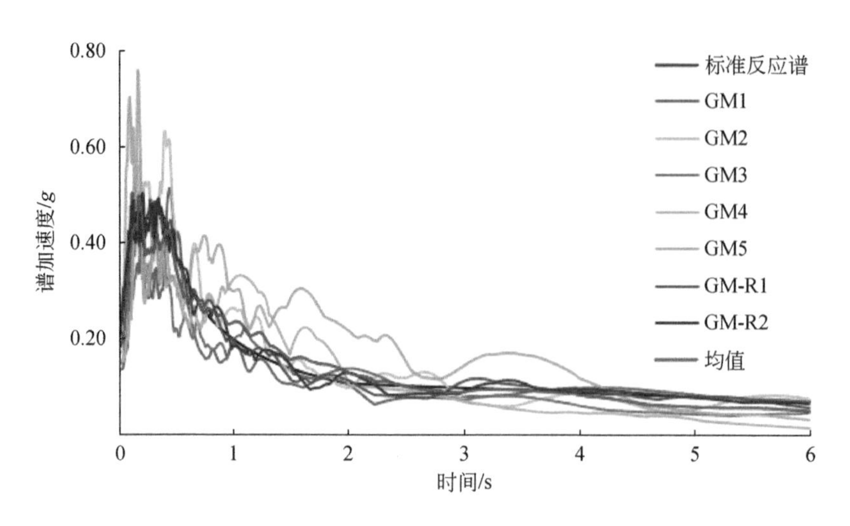

图 2.8 地震动反应谱曲线

式中，$u_i(t)$ 为经第 i 次调幅后的地震波时程；$a(t)$ 为原地震动记录时程。地震动调幅包括步长相等和步长不等两种调幅方式，可根据计算的精度要求和工作量控制来选择合理的调幅方式和步长。对所选 7 条地震动记录分别调幅到峰值加速度为 0.056g、0.112g、0.224g、0.316g、0.408g、0.520g、0.630g、0.700g、0.800g、0.900g、1.000g 共 11 个强度，用于后续的非线性时程分析。

3. 基于数值模拟结果的地震易损性分析

(1) 数值分析结果的统计分析

将 5 条天然波和 2 条人工波进行调幅后，由结构 Y 向输入进行时程分析，7 条地震动记录输入下结构对应峰值加速度为 0.056g、0.112g、0.224g、0.316g、0.408g、0.520g、0.630g、0.700g、0.800g、0.900g、1.000g，对各强度作用下结构各层的层间位移进行比较，通过对 7 条地震动记录作用下结构各层层间位移峰值响应的比较分析可知结构的层间位移最大值出现在第二层。因此选取第二层的层间位移为最大层间位移计算最大层间位移角，进行结构易损性分析。

时程分析结果显示，在相同的峰值加速度作用下，不同地震动记录的最大层间位移值存在差异，表明地震动记录的不确定性对结构破坏（结构响应）会产生影响，与地震动本身的频谱特性有关，因此，选取多条地震动记录来进行时程分析，并对相应最大层间位移取平均值，以降低时程分析时地震动记录选取引起的不确定性。选取最大层间位移角作为结构响应参数，根据层间位移峰值确定 7 条地震动记录各 PGA 作用下的最大层间位移角，结果如表 2.14 所示，根据《建筑抗震设计规范（附条文说明）（2016 年版）》(GB 50011—2010) 对于时程分析的相关规定，对 7 条地震动记录的时程分析取相应结构响应的平均值。

表 2.14　7 条地震动记录各 PGA 作用下的最大层间位移角

PGA/g	层间位移角/%							均值
	GM1	GM2	GM3	GM4	GM5	GM-R1	GM-R2	
0.056	0.09	0.10	0.06	0.08	0.03	0.05	0.05	0.07
0.112	0.16	0.12	0.13	0.16	0.07	0.11	0.10	0.12
0.224	0.38	0.30	0.25	0.24	0.13	0.22	0.22	0.25
0.316	0.56	0.43	0.34	0.33	0.18	0.28	0.34	0.35
0.408	0.75	0.54	0.43	0.47	0.24	0.35	0.42	0.46
0.520	1.04	0.63	0.55	0.71	0.28	0.43	0.51	0.59
0.630	1.37	0.68	0.66	1.11	0.64	0.56	0.61	0.80
0.700	1.59	0.68	0.74	1.53	0.42	0.62	0.66	0.89
0.800	2.02	0.81	0.86	2.18	0.50	0.71	0.79	1.12
0.900	2.58	1.13	1.00	2.92	0.65	0.84	0.99	1.44
1.000	3.15	1.50	1.23	3.78	0.93	0.98	1.25	1.83

地震动强度参数与结构响应参数满足对数线性关系 $\ln(\mathrm{EDP}) = A\ln(\mathrm{IM}) + B$，对表 3.4 中的灾害强度值 PGA 及结构响应值 θ_{max} 分别取对数，并进行线性回归分析，回归分析结果如图 2.9 所示。

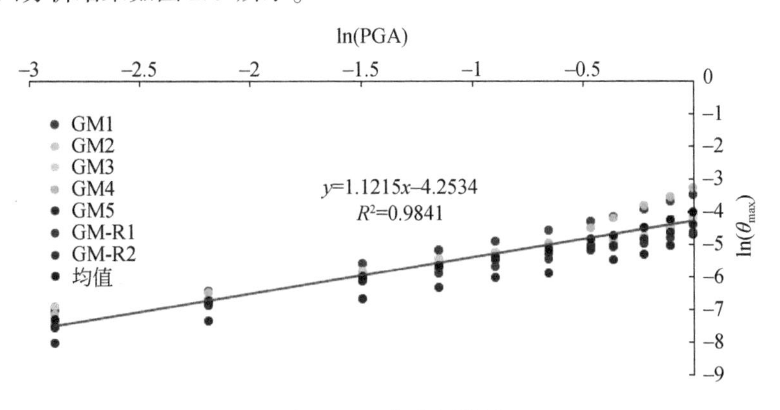

图 2.9　回归分析结果

地震强度参数为 PGA，结构响应参数为最大层间位移角（θ_{max}），通过回归分析得到 PGA 与 θ_{max}的关系式为：$\ln(\theta_{max}) = 1.1215\ln(PGA) - 4.2534$，对应拟合相关系数 $R^2 = 0.9841$，表明 PGA 与 θ_{max}之间对数线性关系比较显著。

（2）易损性分析

将结构各性能极限状态所对应的抗震能力参数列于表 2.15。

表 2.15　抗震能力参数

能力参数	破坏状态			
	轻微破坏	中等破坏	严重破坏	完全破坏
θ_c	1/550	1/250	1/120	1/50
β_c	0.3	0.3	0.3	0.3

注：θ_c 和 β_c 均指位移角。

对 7 条地震波各强度等级下的最大层间位移结果分别取对数，根据式（2.15）和式（2.16）分别计算各强度等级下工程需求对数标准差和数据离散性的标准差，并将概率需求参数列于表 2.16 中。

表 2.16　概率需求参数

PGA/g	最大层间位移/mm							标准差	
	GM1	GM2	GM3	GM4	GM5	GM-R1	GM-R2	β_d	β
0.056	−7.04	−6.91	−7.41	−7.13	−8.03	−7.52	−7.56	0.35	0.46
0.112	−6.42	−6.76	−6.68	−6.47	−7.34	−6.8	−6.87	0.28	0.41
0.224	−5.57	−5.82	−5.99	−6.03	−6.66	−6.133	−6.10	0.31	0.43
0.316	−5.18	−5.45	−5.67	−5.71	−6.3	−5.87	−5.70	0.33	0.44
0.408	−4.89	−5.22	−5.44	−5.37	−6.020	−5.66	−5.48	0.33	0.44
0.52	−4.57	−5.06	−5.20	−4.95	−5.877	−5.46	−5.28	0.38	0.48
0.63	−4.29	−4.99	−5.02	−4.50	−5.05	−5.18	−5.10	0.31	0.43
0.70	−4.14	−4.99	−4.91	−4.18	−5.4	−5.08	−5.02	0.45	0.54
0.80	−3.90	−4.82	−4.75	−3.82	−5.293	−4.95	−4.84	0.50	0.59
0.90	−3.66	−4.48	−4.61	−3.54	−5.03	−4.78	−4.61	0.53	0.61
1.0	−3.46	−4.20	−4.40	−3.28	−4.68	−4.63	−4.38	0.52	0.60

将表 2.10 中求得的对数标准差 β 和各 PGA 代入式（2.14），求得结构在各峰值加速度作用下的失效概率，并绘制结构地震易损性曲线，如图 2.10 所示。

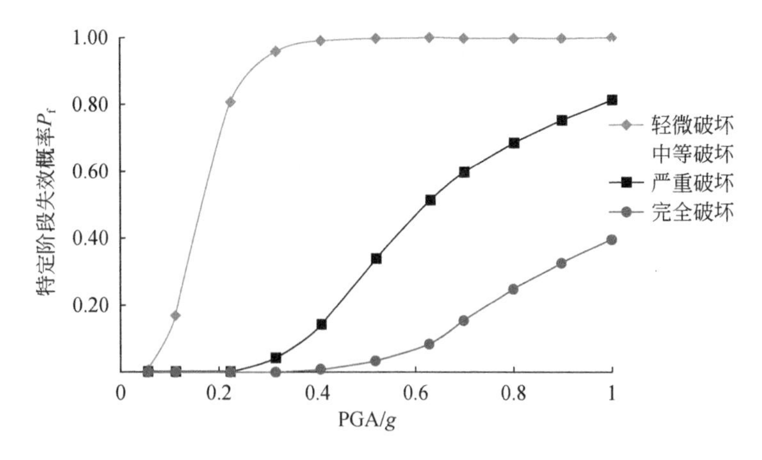

图 2.10　结构地震易损性曲线

基于上述 RC 框架结构地震易损性曲线，可得到此 RC 框架结构分别在小震、中震、大震作用下结构性能极限状态失效概率，如表 2.17 所示，其中，多遇地震、设防地震、罕遇地震加速度时程最大值分别为 70cm/s^2、200cm/s^2、400cm/s^2。根据不同地震动强度下结构性能极限状态失效概率，可由式（2.13）计算得到结构破坏状态的失效概率，如表 2.18 所示。

表 2.17　结构性能极限状态失效概率

地震强度	极限状态			
	轻微破坏	中等破坏	严重破坏	完全破坏
多遇地震	0.026	0.000	0.000	0.000
设防地震	0.753	0.099	0.001	0.000
罕遇地震	0.991	0.724	0.144	0.001

表 2.18　结构破坏状态失效概率

地震强度	破坏状态				
	基本完好	轻微破坏	中等破坏	严重破坏	完全破坏
多遇地震	0.974	0.026	0.000	0.000	0.000
设防地震	0.247	0.654	0.098	0.001	0.000
罕遇地震	0.009	0.267	0.580	0.143	0.001

由表 2. 18 发现，结构在多遇地震作用下基本完好的概率为 97. 4%，即超越正常使用极限状态的概率为 2. 6%；结构在设防地震作用下基本完好的概率为 24. 7%，轻微破坏的概率为 65. 4%，中等破坏的概率为 9. 8%，严重破坏的概率为 0. 1%，完全破坏的概率为 0；在罕遇地震下轻微破坏的概率为 26. 7%，处于中等破坏状态的概率为 58%，处于严重破坏状态的概率为 14. 3%，处于完全破坏状态的概率为 0. 1%。

2. 2. 4　滑坡灾害 RC 框架结构的响应分析

本节基于能量守恒将滑坡作用等效为沿结构高度分布的三角形荷载作用于结构，即将滑坡灾害强度用等效荷载大小来表征，研究三角形荷载与结构响应之间的关系。

1. 滑坡作用力的简化模型

本节参考已有的滑坡、落石、泥石流等对结构冲击作用的力学简化模型，从功能关系出发，考虑部分能量耗散等问题对滑坡作用进行等效简化。滑坡体在下滑过程中其重力势能转化为动能，并沿途因滑动及滚动摩擦损耗一定的能量，滑坡力简化示意图如图 2. 11 所示。若将滑坡体简化为质点 m，滑动过程的能量转化关系表示为

$$\frac{1}{2}mv^2 = mgh - f_1 h\cot\theta - Lf_2 \tag{2.19}$$

式中，L 为受灾结构到滑坡体坡脚的距离；f_1 为滑坡体滑动面的滑动摩擦系数；f_2 为滑坡体滑动路径上的摩擦系数；θ 为滑坡体的坡度；h 为滑坡体的滑落高度；v 为冲击房屋结构时滑坡体的速度。

将滑坡对结构的作用简化为集中力作用于悬臂梁，悬臂梁在集中力作用下的弯曲变形能公式为

$$W = \frac{P^2 x_0^3}{6\mathrm{EJ}_d} \tag{2.20}$$

式中，P 为集中力；x_0 为集中力作用位置的高度；EJ_d 为结构弹性等效侧向刚度，计算公式为

$$\mathrm{EJ}_d = \frac{11qH^4}{120u_0} \tag{2.21}$$

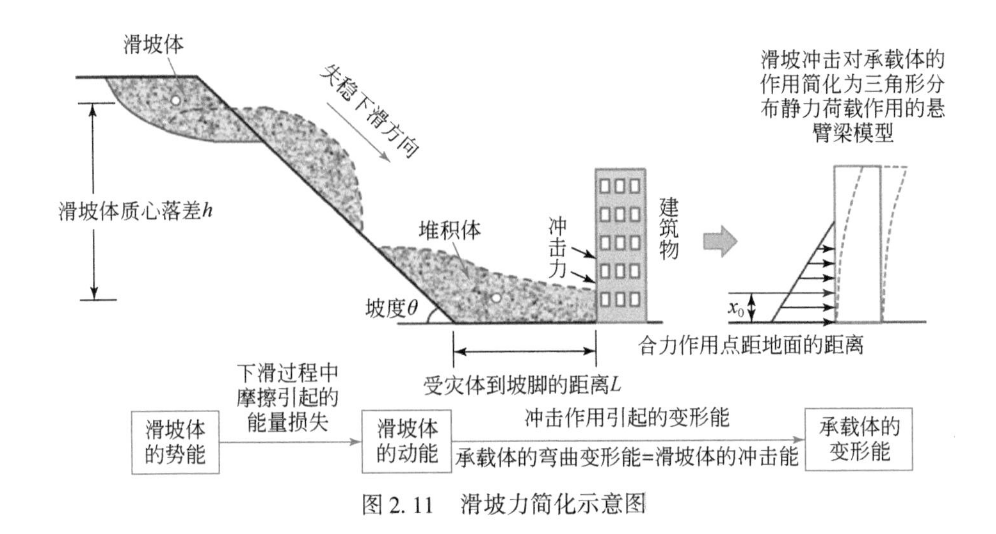

图 2.11　滑坡力简化示意图

式中，q 为作用于结构的三角形分布荷载的最大值；H 为结构的高度；u_0 为结构顶点在此三角形分布荷载作用下的水平位移。

通过能量等效的原则知道滑坡体的动能等于悬臂梁的变形能，结合式（2.19）和式（2.20）得

$$mg[h-f_1h(\cot\theta)-f_2L]=\frac{P^2x_0^3}{6\mathrm{EJ}_d} \tag{2.22}$$

对式（2.22）化简得集中力为

$$P=\sqrt{\frac{6mg[h-f_1(\cot\theta)-f_2L]\mathrm{EJ}_d}{x_0^3}} \tag{2.23}$$

在滑坡开始到与建筑物发生碰撞的整个过程中包括滑坡坡面及路径摩擦带来的能量损耗、滑坡体内部崩解碰撞产生的能量损耗，在式（2.23）的计算中仅考虑了滑坡坡面和路径中的摩擦损耗，未能考虑到滑坡体内部崩解碰撞产生的耗能。吴越等（2012）结合相关试验和理论推导提出了冲击效应系数，用于表征结构在滑坡作用下滑坡体动能与弯曲变形能的比值，如式（2.24）所示。

$$\lambda=1+\frac{3\mathrm{EJ}_d}{E_0x_0^3} \tag{2.24}$$

式中，EJ_d 为受灾体的等效侧弯刚度；E_0 为滑坡体的变形模量，可以根据勘察报告获取；x_0 为荷载作用位置，可以近似取滑坡体堆积厚度的二分之一。

在式（2.23）中是将滑坡作用简化为集中力，而实际上结构在滑坡作用下的受力情况沿结构高度变化有所差异。毕钰璋等（2018）指出在滑坡灾害作用下结

构受冲击力的大小沿结构高度增加逐渐减小，结构底端受冲击力大，顶部最小，且呈线性分布。因此把滑坡对结构的作用简化为沿结构高度增加的三角形分布荷载比简化为集中力作用更加合理，滑坡体作用于结构的简化力模型如图 2.11 所示。

三角形分布荷载作用下悬臂梁 x 截面的弯矩表达式为

$$M(x)=\frac{1}{6}qx^2 \tag{2.25}$$

通过积分计算可求得弯曲变形能 w：

$$w=\int_0^{x_0}\frac{(M(x))^2}{2\mathrm{EJ}_d}\mathrm{d}x=\int_0^{x_0}\frac{\left(\frac{1}{6}qx^2\right)^2}{2\mathrm{EJ}_d}\mathrm{d}x=\frac{q^2x_0^5}{360\mathrm{EJ}_d} \tag{2.26}$$

式中，q 为三角形分布荷载的最大值；x_0 为悬臂梁的长度。结合式（2.19）、式（2.24）和式（2.26），得

$$[mg(h-f_1h(\cot\theta)-Lf_2]\frac{1}{\lambda}=\frac{q^2x_0^5}{360\mathrm{EJ}_d} \tag{2.27}$$

对式（2.27）化简得三角形分布荷载的最大值为

$$q=\sqrt{\frac{360mg[h-f_1h(\cot\theta)-Lf_2]\mathrm{EJ}_d}{\lambda x_0^5}} \tag{2.28}$$

式中，L 为受灾结构到滑坡体坡脚的距离；f_1 为滑坡体坡面的滑动摩擦系数；f_2 为滑坡体滑动路径上的摩擦系数；θ 为滑坡体坡角；h 为滑坡体前后的质心高差；EJ_d 为弹性等效侧向刚度；x_0 为简化力合力作用位置系数；λ 为冲击效应系数。

2. 滑坡灾害强度表征方式

定量描述滑坡灾害强度是研究滑坡易损性的前提。在关于滑坡的研究中多采用滑坡体体积等来衡量滑坡强度的大小，这种度量方式只是针对滑坡体本身而言，不适用于研究其对结构的影响。相同体积的滑坡体由不同高度下落对同一位置结构造成的影响差距很大，相同高度下滑的同体积滑坡体对不同坡脚距离的建筑物产生的影响也有差异。滑坡体的滑落高度、体量、滑动形态等均对房屋建筑损伤程度有影响，为此，本节从滑坡对房屋建筑影响结果出发，以滑坡作用下结构响应大小来表征滑坡灾害强度的大小。

滑坡灾害下结构易损性分析及地震-滑坡多灾种结构易损性分析中的滑坡灾害强度如式（2.29）所示。

$$L_{HI}=\frac{10^{15}\alpha_x}{(EJ_d)^2} \tag{2.29}$$

式（2.29）由滑坡体和结构本身属性共同决定。按式（2.29）对表 2.19 中简化力系数与层间位移对比进行计算，并将滑坡强度对比列于表 2.20 中。由表 2.19和表 2.20 可知，基于 X 向、Y 向的简化力系数和结构响应分别计算得强度值相差不到2%，因此认为采用此方法得出的强度指标可以用于易损性分析研究。其中 α_x、α_y 分别表示沿着结构 X 向、Y 向作用的简化力系数，是施加三角形分布荷载的比例系数；EJ_{d_x}、EJ_{d_y} 分别表示沿着结构 X 向、Y 向的等效侧向刚度。

表 2.19　简化力系数与层间位移对比

简化力系数		层间位移 d_x/mm	简化力系数		层间位移 d_y/mm	$\frac{d_y-d_x}{d_x}$/%
α_x	51.45	46.53	α_y	29.79	46.79	0.56
	49.45	36.02		28.52	36.02	0.00
	47.35	28.09		27.19	28.04	-0.18
	45	22.13		25.80	22.12	-0.05
	42.5	17.486		24.32	17.67	1.05
	40.2	14.23		22.75	14.26	0.21
	37	11.21		21.06	11.20	-0.09
	33.9	8.82		19.23	8.93	1.25
	30.5	7.00		17.20	7.01	0.14
	26.5	5.67		14.90	5.66	-0.18
	24.2	5.01		13.60	5.01	0.00
	21.64	4.37		12.16	4.38	0.23
	18.74	3.73		10.53	3.72	-0.27
	15.3	3.03		8.60	3.06	0.99

采用滑坡体的各项参数如下：滑坡体坡角 $\theta=18.6°$，滑坡体的密度 $\rho=1900$ kg/m^3，滑坡路径摩擦因数 $f_1=0.276$、$f_2=0.31$，受灾体距坡脚距离 $L=18$m。通过取不同滑坡体质心高差得到不同的滑坡体强度，从而分析结构在不同强度滑坡体作用下的结构响应。

表 2.20　滑坡强度对比

L_{HI_x}	L_{HI_y}	$\frac{L_{HI_y}-L_{HI_x}}{L_{HI_x}}/\%$	L_{HI_x}	L_{HI_y}	$\frac{L_{HI_y}-L_{HI_x}}{L_{HI_x}}/\%$
1.873	1.846	−1.44	1.209	1.216	0.58
1.793	1.775	−1.00	1.081	1.094	1.20
1.709	1.699	−0.59	0.936	0.951	1.60
1.622	1.615	−0.43	0.855	0.868	1.52
1.529	1.525	−0.26	0.765	0.777	1.57
1.430	1.443	0.91	0.662	0.672	1.51
1.324	1.328	0.30	0.541	0.549	1.48

3. 滑坡简化力的计算结果及时程表示

以三角形分布荷载的形式将滑坡简化力作用于结构，每榀框架所分担的滑坡力按侧面墙面面积来分配。考虑一般性，确定 14 个灾害强度的滑坡简化力值。此外，考虑到后续地震–滑坡灾害链下结构时程反应分析的加载要求，将滑坡简化力采用“时程力”的形式作用于结构，时程曲线形式为前 7.99s 值为零，第 8s～第 30s 维持不变的滑坡简化力值，其单位力时程曲线如图 2.12 所示，各滑坡强度作用下的层间位移时程曲线如图 2.13 所示。

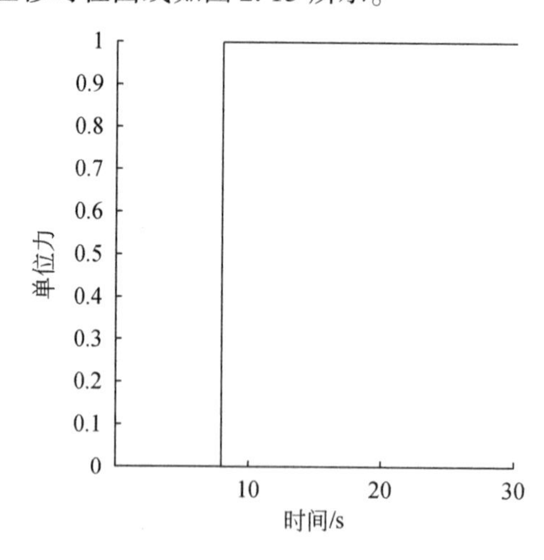

图 2.12　单位力时程曲线

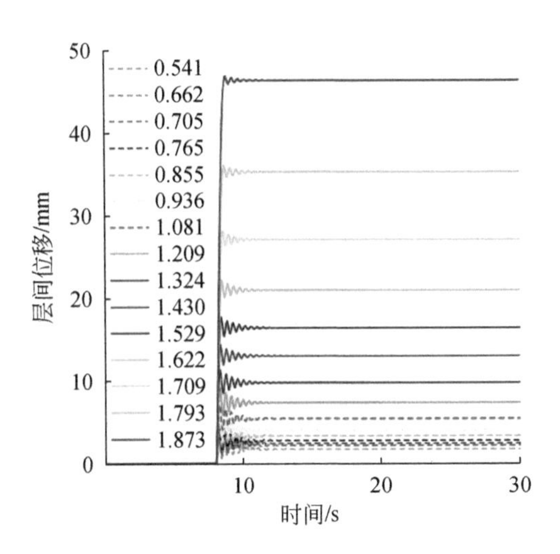

图 2. 13　层间位移时程曲线

对层间位移时程结果进行整理得到各强度下结构的最大层间位移值，当滑坡强度为0. 951 时，最大层间位移值为 5. 665mm，相应的层间位移角 θ_{max} 约等于 1/635，层间位移角小于 1/550，表明结构基本完好；当滑坡强度为 1. 094 和 1. 443 时，最大层间位移值分别为 7. 014mm 和 14. 265mm，相应的层间位移角 θ_{max}分别约等于 1/513 和 1/252，层间位移角大于 1/550 且小于 1/250，表明结构超过相应的性能极限状态进入轻微破坏状态，但后者即将进入中等破坏状态；当滑坡强度分别为 1. 524、1. 615、1. 699 时，最大层间位移值分别为 17. 67mm、22. 12mm、28. 04mm，相应层间位移角 θ_{max}分别约等于 1/203、1/162、1/128，层间位移角大于 1/250 且小于 1/120，表明结构处于中等破坏状态；当滑坡强度为 1. 775 和 1. 846 时，最大层间位移值分别为 36. 02mm 和 46. 79mm，相应的层间位移角 θ_{max}分别约等于 1/100 和 1/77，层间位移角大于 1/120 且小于 1/50，表明结构处于严重破坏状态，但尚未完全破坏。

对各滑坡灾害强度与相应的结构最大层间位移角进行回归分析，如图 2. 14 所示，X 向回归分析结果为

$$\ln(\theta_{max}) = 2.13\ln\left(\frac{Q}{A}\right) - 6.12 \tag{2.30}$$

其中，对数线性拟合相关系数 $R^2 = 0.9321$。Y 向回归分析结果为

$$\ln(\theta_{max}) = 2.56\ln\left(\frac{Q}{A}\right) - 6.26 \tag{2.31}$$

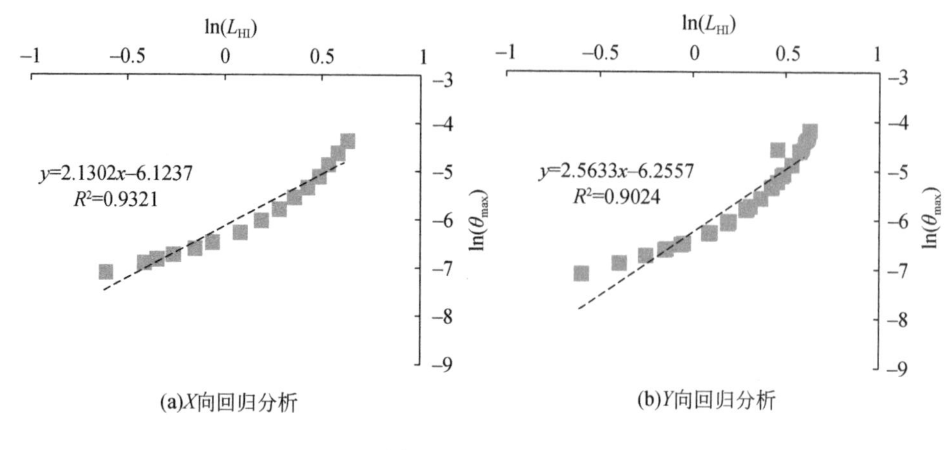

图 2.14　回归分析

其中，对数线性拟合相关系数 $R^2=0.9024$，表明滑坡强度与最大层间位移角 θ_{max} 之间对数线性关系比较显著。

2.2.5　RC 框架结构的理论地震–滑坡灾害链易损性分析

1. 地震–滑坡灾害链组合方式

选取 7 条地震动记录分别调幅 10 个 PGA 强度值与滑坡简化力的 14 个强度值进行组合，进行动力时程分析，得到结构在地震和滑坡同时作用下的结构动力响应。为分析地震–滑坡组合作用方向异同对耦合分析的影响，就地震–滑坡作用组合方式分为 *YY* 组合、*YX* 组合两种方式，*YY* 组合表示地震和滑坡均沿着结构 *Y* 向作用；*YX* 组合表示地震作用由结构 *Y* 向输入，滑坡作用与地震作用方向垂直，滑坡作用由结构 *X* 向输入。每条地震动记录调幅为 10 个强度等级，滑坡灾害按 2.2.4 节定义的强度方法取 14 个强度等级，若组合方式为 14 行×10 列的矩阵方式，则每条地震动 *YY* 组合和 *YX* 组合各有 154 个组合，7 条地震动记录对应 *YY* 组合和 *YX* 组合共有 1960 个组合。通过试算和验证进行强度组合优化，*YY* 组合如表 2.21 所示，*YY* 组合对应 77 个组合；*YX* 组合如表 2.22 所示，*YX* 组合对应 114 个组合。最终确定共计 1344 个时程分析组合。

表 2.21 地震-滑坡 *YY* 组合

L_{HI}	PGA									
	0.056*g*	0.112*g*	0.224*g*	0.316*g*	0.408*g*	0.52*g*	0.63*g*	0.7*g*	0.8*g*	0.9*g*
0.541	1	1	1	1	1	1	1	1	1	1
0.662	1	1	1	1	1	1	1	1	1	1
0.705	1	1	1	1	1	1	1	1	1	—
0.765	1	1	1	1	1	1	1	1	—	—
0.855	1	1	1	1	1	1	1	—	—	—
0.936	1	1	1	1	1	1	—	—	—	—
1.081	1	1	1	1	1	1	—	—	—	—
1.209	1	1	1	1	1	—	—	—	—	—
1.324	1	1	1	1	—	—	—	—	—	—
1.430	1	1	1	1	—	—	—	—	—	—
1.529	1	1	1	—	—	—	—	—	—	—
1.622	1	1	—	—	—	—	—	—	—	—
1.709	1	1	—	—	—	—	—	—	—	—
1.793	1	—	—	—	—	—	—	—	—	—

表 2.22 地震-滑坡 *YX* 组合

L_{HI}	PGA									
	0.056*g*	0.112*g*	0.224*g*	0.316*g*	0.408*g*	0.52*g*	0.63*g*	0.7*g*	0.8*g*	0.9*g*
0.549	1	1	1	1	1	1	1	1	1	1
0.672	1	1	1	1	1	1	1	1	1	1
0.705	1	1	1	1	1	1	1	1	1	1
0.777	1	1	1	1	1	1	1	1	1	1
0.868	1	1	1	1	1	1	1	1	1	1
0.951	1	1	1	1	1	1	1	1	1	1
1.094	1	1	1	1	1	1	1	1	1	1
1.216	1	1	1	1	1	1	1	1	1	1
1.328	1	1	1	1	1	1	1	1	1	1
1.443	1	1	1	1	1	1	1	1	—	—
1.525	1	1	1	1	1	1	—	—	—	—
1.615	1	1	1	1	1	—	—	—	—	—

续表

L_{HI}	PGA									
	0.056g	0.112g	0.224g	0.316g	0.408g	0.52g	0.63g	0.7g	0.8g	0.9g
1.699	1	1	1	—	—	—	—	—	—	—
1.775	1	1	—	—	—	—	—	—	—	—

2. 结构响应分析

(1) 地震-滑坡按 *YY* 组合的最大响应

将7条地震动记录对应的10个强度等级与14个滑坡强度等级按 *YY* 组合方式进行组合分析，每条波对应78种组合，共546个时程分析工况，按地震动记录进行分组，分为7组，对7组最大层间位移取平均值，得到 *YY* 组合地震-滑坡多灾种下结构最大层间位移值，如表2.23所示。表2.23中第二行为地震动强度等级，第三行为与之对应的地震单独作用下的结构响应；第一列为滑坡强度等级，第二列为其单独作用下的结构响应。地震动GM3对应的结构响应大于其余6条地震动的结构响应，个别值已远大于结构完全破坏的最大层间位移限值（$h/50$ =72mm），为减少其对平均结构响应的影响，对相应值取120mm（$h/30$）。表2.22中耦合作用的结构响应结果大概可分为三类，第一类为组合结果值小于两灾种单独作用结果值的叠加，对应于0.056g 的前10种组合及0.112g 的前5种组合；第二类为组合结果值大于两灾种单独作用结果值叠加，但其值相差不大；第三类为组合结果值远大于两灾种单独作用结果值的叠加。

表2.23　*YY* 组合地震-滑坡多灾种下结构最大层间位移值

L_{HI}	PGA										
	0g	0.056g	0.112g	0.224g	0.316g	0.408g	0.52g	0.63g	0.70g	0.80g	0.90g
0	0	2.4	4.3	8.9	12.7	16.5	21.3	28.9	32.1	40.4	52.0
0.541	3.1	4.0	6.51	12.8	19.3	25.9	34.7	46.9	57.1	66.5	77.8
0.662	3.7	4.6	7.3	14.7	22.9	31.0	41.9	58.8	65.8	79.6	—
0.705	4.0	4.9	7.7	15.6	24.3	33.1	44.8	62.1	70.2	84.5	—
0.765	4.4	5.3	8.2	16.8	26.3	36.2	49.7	66.9	77.6	—	—
0.855	5.0	6.0	9.12	18.9	29.9	41.3	58.9	77.5	—	—	—
0.936	5.7	6.7	10.1	21.2	33.6	46.7	68.3	—	—	—	—

续表

L_{HI}	PGA										
	0g	0.056g	0.112g	0.224g	0.316g	0.408g	0.52g	0.63g	0.70g	0.80g	0.90g
1.081	7.0	8.2	12.2	25.9	40.9	60.1	82.4	—	—	—	—
1.209	8.9	10.3	15.3	32.3	53.2	76.6	—	—	—	—	—
1.324	11.2	13.0	18.9	39.5	70.7	—	—	—	—	—	—
1.430	14.3	16.4	23.5	48.7	82.4	—	—	—	—	—	—
1.529	17.7	20.4	29.2	69.9	—	—	—	—	—	—	—
1.622	22.1	25.7	36.6	—	—	—	—	—	—	—	—
1.709	28.0	32.8	48.2	—	—	—	—	—	—	—	—
1.793	36.0	43.1	—	—	—	—	—	—	—	—	—
1.873	46.8	—	—	—	—	—	—	—	—	—	—

综合分析计算结果发现：地震-滑坡组合作用下的结构响应不是二者单独作用结果的简单叠加，78.2% 的地震-滑坡灾害组合（*YY* 组合）后的结构响应值远大于二者单独作用的叠加值；当单个灾害的强度等级较低时，组合的结构响应值可能小于二者单独作用结果的叠加；当单个灾害的强度值达到某个等级时，组合后的结构响应值远大于二者单独作用的结构叠加，甚至导致结构进入完全破坏状态。

（2）地震-滑坡按 *YX* 组合的最大响应

将 7 条地震动的 10 个强度等级与 14 个滑坡强度等级按 *YX* 组合方式进行组合，每条地震动对应 114 个有效组合，按 *YX* 组合七条地震动共 798 个组合。对 7 条地震动按 *YX* 组合对应相同强度值组合的结构响应值取平均值。由于 *YX* 组合中地震和滑坡沿不同方向作用，且不知 *X* 向层间位移值和 *Y* 向层间位移值的大小关系，分别取 *X*、*Y* 两个方向的最大层间位移进行分析，以便对比，*Y* 向和 *X* 向的最大层间位移值如表 2.24 和表 2.25 所示。

表 2.24　*YX* 组合 *Y* 向最大层间位移值

L_{HI}	PGA									
	0.056g	0.112g	0.224g	0.316g	0.408g	0.520g	0.630g	0.700g	0.800g	0.900g
0	2.40	4.31	8.94	12.69	16.45	21.32	28.99	32.11	40.47	52.03
0.549	2.40	4.64	8.85	12.15	15.33	20.04	26.45	31.41	39.59	49.93

续表

L_{HI}	PGA									
	0.056g	0.112g	0.224g	0.316g	0.408g	0.520g	0.630g	0.700g	0.800g	0.900g
0.672	2.39	4.64	8.85	12.15	15.35	20.08	26.54	31.53	39.69	49.91
0.705	2.38	4.64	8.85	12.15	15.36	20.11	26.57	31.57	39.72	49.92
0.777	2.38	4.64	8.85	12.16	15.39	20.15	26.63	31.69	39.83	50.08
0.868	2.37	4.64	8.85	12.17	15.46	20.19	26.83	31.88	40.07	50.66
0.951	2.37	4.64	8.84	12.19	15.52	20.25	26.99	32.08	40.35	51.36
1.094	2.38	4.65	8.82	12.23	15.58	20.33	27.31	32.43	40.73	52.22
1.216	2.39	4.67	8.80	12.27	15.65	20.47	27.63	32.75	41.14	53.49
1.328	2.40	4.68	8.80	12.28	15.66	20.60	27.96	33.13	41.83	54.71
1.443	2.41	4.69	8.78	12.28	15.70	20.74	28.35	33.69	—	—
1.525	2.42	4.68	8.77	12.26	15.77	21.66	—	—	—	—
1.615	2.42	4.66	8.73	12.27	15.95	—	—		—	—
1.699	2.42	4.62	8.67	—	—	—	—	—	—	—
1.775	2.40	4.51	—	—	—	—	—	—	—	—

表 2.25　*YX* 组合 *X* 向最大层间位移值

L_{HI}	PGA										
	0g	0.056g	0.112g	0.224g	0.316g	0.408g	0.52g	0.63g	0.70g	0.80g	0.90g
0.549	3.0	3.1	3.1	3.2	3.3	3.4	3.6	3.7	3.8	3.8	4.1
0.672	3.7	3.7	3.8	3.9	4.0	4.2	4.4	4.7	4.8	5.2	5.9
0.705	3.9	3.9	3.9	4.1	4.2	4.4	4.7	5.0	5.1	5.8	6.6
0.777	4.6	4.4	4.4	4.6	4.7	4.9	5.5	5.9	6.3	7.2	8.3
0.868	5.0	5.0	5.0	5.3	5.5	5.8	6.7	7.3	8.0	9.5	10.2
0.951	5.7	5.7	5.8	6.0	6.3	6.7	8.1	8.8	10.0	12.3	14.5
1.094	7.0	7.3	7.3	7.6	8.0	8.8	10.8	12.4	14.8	18.2	22.0
1.216	8.8	9.0	9.1	9.5	10.2	11.3	14.6	17.6	21.0	26.1	32.7
1.328	11.2	11.3	11.4	11.9	12.8	14.7	20.3	23.8	28.1	35.3	49.2
1.443	14.2	14.6	14.6	15.2	17.0	20.7	28.1	33.6	41.1	—	—
1.525	17.5	17.6	17.6	20.1	22.3	28.0	34.7	—	—	—	—
1.615	22.1	22.2	22.3	25.0	32.0	40.7	—	—	—	—	—

续表

L_{HI}	PGA										
	0g	0. 056g	0. 112g	0. 224g	0. 316g	0. 408g	0. 52g	0. 63g	0. 70g	0. 80g	0. 90g
1. 699	28. 1	28. 3	28. 7	36. 9	—	—	—	—	—	—	—
1. 775	36. 02	36. 15	38. 79	—	—	—	—	—	—	—	—

表 2. 24 中第二行为地震动强度值 PGA，第三行为地震动各峰值加速度单独作用下对应的结构响应，第一列为滑坡强度值。表中空白处是因为其结构响应值远远超过完全破坏的性能极限值。对表中数据分析发现，地震-滑坡按 *YX* 组合同时作用下，*Y* 向的层间位移值较地震单独作用时差异较小，组合后的 *Y* 向层间位移值较地震动单独作用下 *Y* 向层间位移值的变化率均在正负 10% 以内，其中 70% 以上的变化率在 5% 以内，且 70% 以上组合后的 *Y* 向层间位移值较地震动单独作用减小。因此，地震动和滑坡按 *YX* 组合对结构 *Y* 向的层间位移影响较小。

表 2. 25 中第一列为滑坡强度值，第二列为滑坡灾害各强度值单独作用下对应的结构响应；第二行为地震动强度值 PGA。表中中心区域为 *YX* 组合下结构沿 *X* 向的结构响应值，空白处是因为其结构响应值远远超过结构完全破坏的性能极限值。由表 2. 25 可发现，随着 PGA 的增大，*YX* 组合下沿 *X* 向的结构响应值较滑坡单独作用下沿 *X* 向的结构响应值逐渐增大，114 种强度组合中有 33 种组合的增大比率小于 5%，PGA 分别为 0. 056*g* 和 0. 112*g* 的 28 个组合中增大比率均小于 5%；在滑坡强度相等的情况下，相较于滑坡单独作用下 *X* 向的层间位移的增大比率，地震-滑坡 *YX* 组合作用下结构 X 向的层间位移的增大比率随着地震峰值加速度增大而逐渐增大，如当滑坡强度为 0. 705 地震峰值加速度为 0. 056*g*、0. 224*g*、0. 408*g*、0. 630*g*、0. 800*g* 的组合 *X* 向层间位移增大比率分别为 0. 00%、5. 13%、12. 80%、28. 21%、48. 72%；在 PGA 相等的情况下，地震-滑坡 *YX* 组合作用下结构 *X* 向的层间位移值较滑坡单独作用时，结构 *X* 向的层间位移值增大比率随着滑坡强度的增大而逐步增大，如当 PGA 为 0. 316*g* 滑坡强度为 0. 549、0. 705、0. 868、1. 094、1. 443、1. 615 的组合 *X* 向层间位移值增大百分率分别为 10. 00%、7. 69%、10. 00%、14. 29%、19. 72%、44. 80%；当 PGA 和滑坡强度均较高时，地震-滑坡 *YX* 组合作用下结构 *X* 向的结构响应值远大于相应滑坡单独作用下的结构响应值，如 PGA 大于或等于 0. 700g 且滑坡强度大于或等于 1. 094 的 *YX* 组合中 *X* 向的层间位移值较滑坡单独作用下响应值的增大比例均大

于100%，甚至使结构达到完全破坏状态。

结合表2.24和表2.25发现，在 *YX* 组合下即使 *X* 向的结构响应增大率大于 *Y* 向结构响应的位移增大率，114种组合中也仅有41种组合的 *X* 向结构响应值大于 *Y* 向的结构响应值，主要集中在滑坡单独作用情况下结构响应就达到中等破坏水平且PGA相对较低的组合中；其余73种情况均为沿 *Y* 向的结构响应大于 *X* 向的结构响应。然而，在易损性分析中结构响应值为最大层间位移角，因此在地震–滑坡 *YX* 组合作用下选取各组合情况 *Y* 向和 *X* 向的最大层间位移值，组成新的各地震–滑坡强度作用下的结构响应值表用于后续的统计回归分析。

综上所述，当地震动由结构 *Y* 向输入且滑坡灾害由结构 *X* 向输入的情况下，*Y* 向的结构响应值由地震动强度主导，受滑坡强度变化的影响较小；在地震动强度和滑坡强度均较低时，*X* 向的结构响应值由滑坡强度主导；随着地震动强度和滑坡强度的增大，*X* 向的结构响应值较滑坡单独作用时大幅度增加。对地震–滑坡按 *YX* 组合作用下的结构响应值采用 *Y* 向结构响应和 *X* 向结构响应的较大值用于后续的回归分析。

3. 易损性分析

（1）多元回归分析

地震–滑坡组合作用下结构响应值受地震动强度等级和滑坡强度等级的共同影响，即耦合作用下的结构响应为应变量，地震动强度值、滑坡强度值分别为与之对应的自变量。根据Cornell等（2002）提出的结构响应与灾害强度值之间的指数关系，即结构响应的对数与灾害强度的对数呈线性关系。且在2.2.3节进行的地震动作用下结构响应回归分析和2.2.4节进行的滑坡作用下结构响应回归分析都验证了上述对数线性关系。Modica和Stafford（2014）在RC框架结构易损性分析中提出考虑多个强度参数对结构性能的影响，最终得到基于地震两个灾害强度的易损性曲面，其考虑不同强度因素的结构性能需求公式为

$$\ln(D)=\beta_{00}+\beta_{10}\ln(\mathrm{IM}_1)+\beta_{01}\ln(\mathrm{IM}_2)$$
$$+\beta_{20}\ln(\mathrm{IM}_1)^2+\beta_{02}\ln(\mathrm{IM}_2)^2+\beta_{11}\ln(\mathrm{IM}_1)\ln(\mathrm{IM}_{12}) \tag{2.32}$$

式中，IM_1 为地震强度参数1（如Sa）；IM_2 为地震强度参数2（如PGA）；β_{00}、β_{10}、β_{01}、β_{20}、β_{02}、β_{11} 均为回归参数。

即使式（2.32）最初是针对地震单个灾种不同强度影响因素与结构响应参数之间的关系，但也为考虑多个不同灾害同时作用下各灾害强度参数与结构响应之

间的关系提供了参考。不难发现式（2.32）类似于泰勒级数展开式，二次项可视为一次项的高次项，在某些情况下可视拟合精度要求的情况对是否保留高次项进行取舍。

因此，在进行考虑地震–滑坡多灾种下结构性能需求分析时参考式（2.32），通过初次多元回归分析发现一次项 t 分布的 P 值远小于 0.05，即结构响应参数 D 与灾害强度参数 IM_1 和 IM_2 高度相关；二次项的 t 分布 P 值远大于 0.05，即结构响应参数 D 与灾害强度参数 IM_1 和 IM_2 的二次项无明显相关性。因此舍去二次项，得到结构响应参数与地震动峰值加速度和滑坡强度之间的需求关系为

$$\ln(\theta_{max}) = a\ln(\mathrm{PGA}) + b\ln(L_{HI}) + c \tag{2.33}$$

式中，PGA 和 L_{HI} 分别为地震、滑坡灾害的强度参数；a、b 及 c 均为回归参数。

对地震动强度参数 PGA、滑坡强度参数 L_{HI} 及组合后结构响应最大层间位移角 θ_{max} 分别取对数，并进行多元回归分析。以 ln（PGA）、ln（L_{HI}）及 ln（θ_{max}）分别作为 X 轴、Y 轴和 Z 轴作三维散点拟合，得到如图 2.15 所示的多灾种需求模型图，并将多元统计回归的结果以表格形式展现，得到表 2.26 回归统计表、表 2.27 方差分析表、表 2.28 回归参数表。

表 2.26 中 Multiple R 即 R^2 的平方根，表示相关系数，用于衡量自变量与应变量间相关程度，其中 R 表示复相关系数。本次分析中 YY 组合和 YX 组合的 Multiple R 分别为 0.964 和 0.838，表示在 YY 组合中因变量最大层间位移角对数 $\ln(\theta_{max})$ 与自变量峰值加速度对数 ln(PGA) 及滑坡强度对数 $\ln(L_{HI})$ 之间高度正相关。YY 组合应变量与自变量之间的相关性大于 YX 组合应变量与自变量之间的相关性，这可能是因为 YY 组合均为 Y 向层间位移最大，响应值直接受地震动强度和滑坡强度值的影响；YX 组合中 Y 向层间位移由地震动强度主导，X 向的层间位移受地震动强度和滑坡强度的共同影响，最终采用的是 Y 向和 X 向的最大层间位移角用于多元回归分析，即用于多元回归分析的部分层间位移值主要由地震动强度主导。所以 YY 组合多元回归两自变量与因变量之间的相关性大于 YX 组合多元回归两自变量与应变量间的相关性。R Square 表示复测定系数，为复相关系数 R 的平方，用于表征自变量解释应变量差的程度，用于测定因变量的拟合效果。

本次分析中 YY 组合和 YX 组合的复测定系数分别为 0.928 和 0.702，表明 YY 组合两自变量地震动峰值加速度的对数和滑坡强度的对数可以解释应变量差的 92.8%，YX 组合两自变量地震动峰值加速度的对数和滑坡强度的对数可以解释

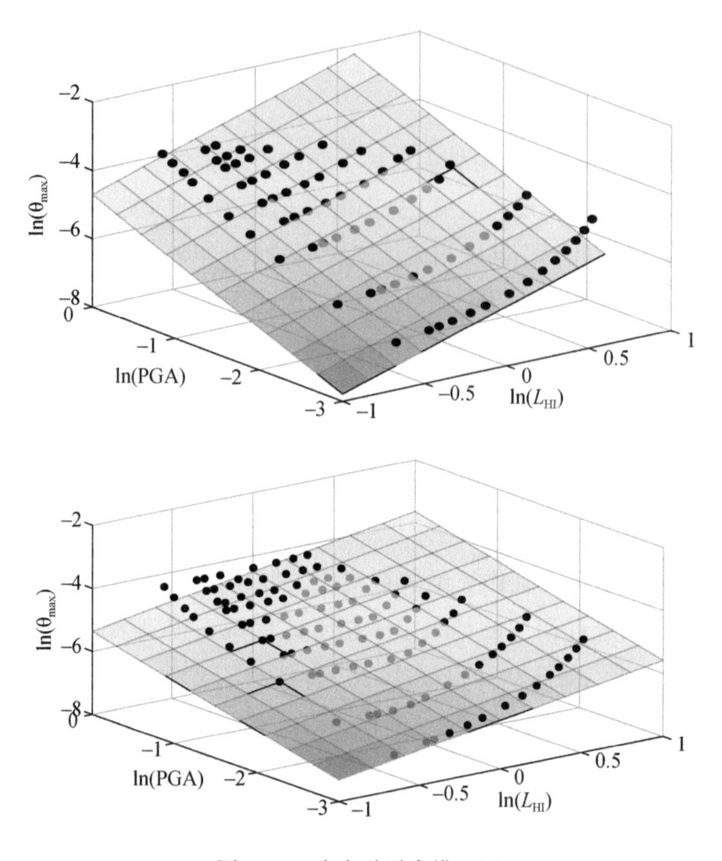

图 2.15　多灾种需求模型图

表 2.26　回归统计表

<table>
<tr><td rowspan="2">回归参数</td><td colspan="2">组合方式</td></tr>
<tr><td>YY 组合</td><td>YX 组合</td></tr>
<tr><td>R^2 的平方根（Multiple R）</td><td>0.964</td><td>0.838</td></tr>
<tr><td>R Square</td><td>0.928</td><td>0.702</td></tr>
<tr><td>调整后的复测定系数（Adjusted R Square）</td><td>0.926</td><td>0.697</td></tr>
<tr><td>标准误差</td><td>0.229</td><td>0.390</td></tr>
<tr><td>观测值</td><td>76</td><td>114</td></tr>
</table>

表 2.27 方差分析表

组合方式	回归参数					
	项目	自由度	样本数据平方和	样本数据平均平方和	*F* 统计量	*P* 值
YY 组合	回归分析	2	49. 839	24. 919	473. 676	1.56×10^{-42}
	残差	73	3. 840	0. 053		
	总计	75	53. 679			
YX 组合	回归分析	2	39. 930	19. 965	130. 774	6.53×10^{-30}
	残差	111	16. 946	0. 153		
	总计	113	56. 876			

表 2.28 回归参数表

组合方式	回归参数						
	回归分析系数		标准误差	*t* 统计量	*P* 值	置信度 95% 下限	置信度 95% 上限
YY 组合	截距	-3. 18	0. 06	-51. 89	2.30×10^{-59}	-3. 30	-3. 06
	ln（L_{HI}）	1. 53	0. 09	17. 84	2.51×10^{-28}	1. 36	1. 70
	ln（PGA）	1. 03	0. 03	30. 51	2.73×10^{-43}	0. 96	1. 09
YX 组合	截距	-4. 50	0. 06	-73. 20	8.79×10^{-96}	-4. 62	-4. 38
	ln（L_{HI}）	0. 86	0. 11	7. 87	2.50×10^{-12}	0. 65	1. 08
	ln（PGA）	0. 65	0. 04	15. 46	1.85×10^{-29}	0. 57	0. 73

应变量差的 70. 2%。调整后的复测定系数（Adjusted *R* Square）主要用于说明两自变量地震动峰值加速度的对数 ln(PGA) 和滑坡强度的对数 ln(L_{HI}) 表征因变量最大层间位移角对数 ln(θ_{max}) 的程度，此次分析中 *YY* 组合和 *YX* 组合该值分别为 0. 926 和 0. 697，说明 *YY* 组合和 *YX* 组合中 ln(PGA) 和 ln(L_{HI}) 可以分别解释 ln(θ_{max}) 的 92. 6% 和 69. 7%，因变量的 7. 35% 和 30. 3% 分别需要通过其他因素解释。

表 2. 27 主要根据 *F* 检验来判断回归分析的效果如何，本次回归分析 *YY* 组合和 *YX* 组合的 *P* 值分别为 1.56×10^{-42} 和 6.53×10^{-30}，均远小于显著性水平 0. 05，因此该回归分析效果显著。

根据表 2. 28 中回归分析系数可以得到地震-滑坡 *YY* 组合和 *YX* 组合作用下结

构响应参数与两灾害强度关系的回归方程式分别为

$$\ln(\theta_{max}) = 1.53\ln(L_{HI}) + 1.03\ln(PGA) - 3.18 \tag{2.34}$$

$$\ln(\theta_{max}) = 0.86\ln(L_{HI}) + 0.65\ln(PGA) - 4.50 \tag{2.35}$$

表2.28中，*YY*组合和*YX*组合自变量$\ln(L_{HI})$的t统计量P值分别为2.51×10^{-28}和2.50×10^{-12}，*YY*组合和*YX*组合自变量峰值加速度的对数ln(PGA)的t统计量P值分别为2.73×10^{-43}和1.85×10^{-29}，*YY*组合和*YX*组合两自变量的P值均远小于显著性水平值0.05，说明两自变量与应变量之间存在显著的相关性，即地震动强度值的对数ln(PGA)与滑坡强度值的对数$\ln(L_{HI})$和结构响应的对数$\ln(\theta_{max})$间存在显著的相关性。因此，可根据相应的多元回归方程进行地震-滑坡易损性分析。

(2) 多灾种结构易损性分析

单灾种的结构易损性分析基于结构性能需求参数与灾害强度参数之间的关系得到易损性曲线。在多灾种的结构易损性分析中，由于灾害强度参数的增加，多灾种易损性曲面要考虑多个（含两个）灾害强度因素对结构破坏状态的概率影响，其概率计算模型为

$$P_f = P[D \geqslant d \mid IM_1 = x_1, IM_2 = x_2] \tag{2.36}$$

式（2.36）的意义为：当两灾种灾害强度值分别为x_1和x_2时，结构破坏D大于或等于破坏状态d的概率。结合式（2.13）和式（2.33），可得多灾种在某特定灾害条件下达到某性能极限状态的概率为

$$P_f = \Phi\left[\frac{a\ln(PGA) + b\ln(L_{HI}) + c - \ln(\theta_c)}{\sqrt{\beta_d^2 + \beta_c^2}}\right] \tag{2.37}$$

将表2.26～表2.28中*YY*组合和*YX*组合的回归分析结果分别代入式（2.37），计算各灾害强度条件下结构达到各破坏状态（超越各性能极限状态）的概率。根据计算结果绘制基于某滑坡强度的地震易损性曲线，由于在时程分析中为获得更多的数据点用于多元回归分析，将滑坡强度共取14个强度值，而各相邻滑坡强度下相应PGA小的超越概率较为接近且走势相同，因此根据破坏状态选取6组强度作基于特定强度的易损性曲线，6组对应的滑坡强度单独作用时的结构状态包含完好、轻微破坏、中等破坏、严重破坏，单独作用时对应的层间位移角分别约为1/635、1/513、1/252、1/203、1/128、1/100，对应的滑坡强度值分别为0.936、1.081、1.430、1.529、1.709、1.793。

为方便对比各强度值对各结构处于各破坏状态的概率的影响，分两种方式对

比绘制易损性曲线，其一绘制基于相同滑坡强度值的地震易损性曲线，如图 2. 16 所示；其二绘制基于相同极限状态的易损性曲线，如图 2. 17 所示。

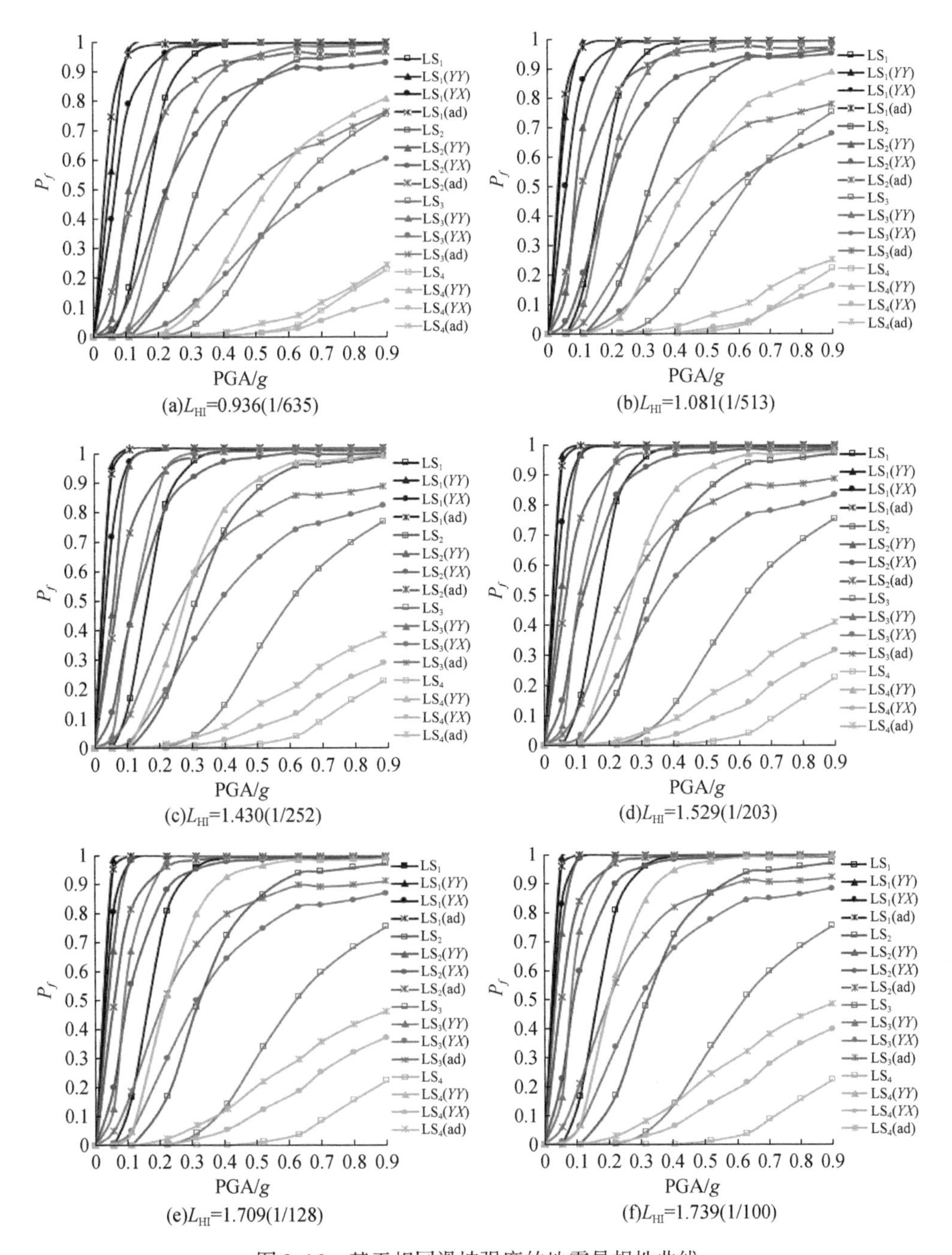

图 2. 16 基于相同滑坡强度的地震易损性曲线

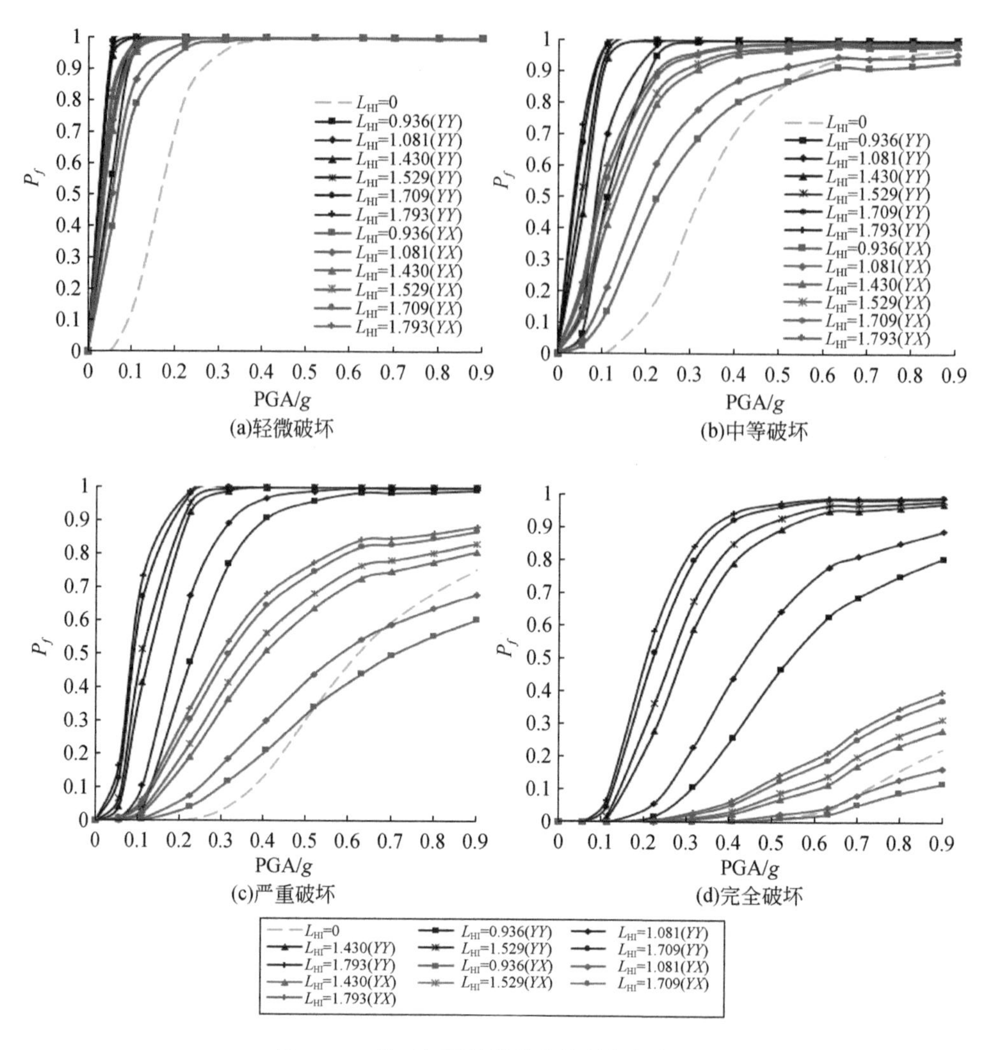

图 2.17 基于相同极限状态的易损性曲线

图 2.16 中，超过 LS_1、LS_2、LS_3、LS_4 极限状态分别表示结构进入轻微破坏、中等破坏、严重破坏、完全破坏状态，*YY* 表示 *YY* 组合，*YX* 表示 *YX* 组合，如 LS_1（*YY*）和 LS_2（*YX*）分别表示地震-滑坡 *YY* 组合下轻微破坏和 *YX* 组合下中等破坏的易损性曲线；ad 表示地震和滑坡单独作用结果进行叠加的情况，如 LS_3（ad）表示地震和滑坡单独作用结果直接叠加对应严重破坏的易损性曲线。为方便对比分析，图 2.16 中相同颜色代表不同分析工况对应的相同极限状态的易损性曲线，相同标记形式代表不同结构极限状态对应的相同时程分析工况形式的易

损性曲线。由图 2. 16 中可以发现无论何种时程工况形式四个极限状态的易损性曲线的易损概率的大小关系均满足轻微破坏>中等破坏>严重破坏>完全破坏，这也与客观事实相符。在图 2. 16（c）、图 2. 16（d）、图 2. 16（e）、图 2. 16（f）中，即滑坡强度分别为 1. 430、1. 529、1. 709、1. 793，各极限状态易损性曲线由上到下顺序均满足 *YY* 组合、直接叠加、*YX* 组合、地震单独作用，也表明结构超越各极限状态的概率的大小满足 *YY* 组合>直接叠加>*YX* 组合>地震单独作用；然而图 2. 16（a）和图 2. 16（b）中滑坡强度为 0. 936 和 1. 081 时（单独作用时的层间位移角分别约为 1/635、1/513），随着地震动强度的增大，出现按 *YX* 组合作用下的易损性曲线与地震单独作用下的易损性曲线相交，并由 *YX* 组合在单独作用的上方变为 *YX* 组合在下方，这主要是由于在 *YX* 组合中当滑坡强度较低且地震动强度较高时，由地震动主要影响的 *Y* 向结构响应大于 *X* 向的结构响应，此部分组合情况 *Y* 向结构响应值用于后续回归分析，而在 *YX* 组合中当滑坡强度较低且地震强度较高时，*Y* 向的结构响应值比地震单独作用下结构 *Y* 向的结构响应值低；另外，图 2. 16（a）和图 2. 16（b）中地震峰值加速度小于 0. 1*g* 时，曲线 LS1（ad）在 LS1（*YY*）上方、曲线 LS2（ad）在 LS2（*YY*）上方，即表明在滑坡强度和地震峰值加速度均较低时按 *YY* 组合作用结构达到轻微破坏和中等破坏的概率低于地震和滑坡单独作用结果叠加的相应概率，这主要是因为在地震和滑坡强度均较低时单独作用结构响应值的直接叠加大于按 *YY* 组合作用的结构响应值。对比图 2. 16 的 6 组图，易发现随着滑坡强度值的增加，组合作用相比于地震单独作用结构达到各破坏状态的概率明显增加。除此之外，即使同一滑坡强度情况下，组合作用对结构处于不同破坏状态的概率的增大也存在较大差异，表现为随着极限状态由轻微破坏到完全破坏，组合作用对结构处于各破坏状态的概率的增大量也逐渐加大；同一滑坡强度下，不同组合作用对结构达到各破坏极限状态的概率影响存在差异，*YY* 组合作用对结构达到各破坏状态概率的影响比 *YX* 组合大。

图 2. 16 中基于各个滑坡强度作了不同组合不同极限状态的易损性曲线，而不能有效对比不同滑坡强度之间易损性曲线之间的差异，为对比不同滑坡强度对易损性曲线的影响，作基于极限状态的易损性曲线，如图 2. 17 所示。

图 2. 17 为基于各极限状态的易损性曲线，图中红色部分和黑色部分分别为 *YX* 组合和 *YY* 组合作用各滑坡强度下的易损性曲线，绿色虚线为地震单独作用时的易损性曲线。通过图 2. 17 易发现，四个极限状态的 *YY* 组合和 *YX* 组合易损性

曲线均满足滑坡强度值大的曲线在滑坡强度值小的上方，表明无论是 *YY* 组合还是 *YX* 组合时结构达到四个破坏状态的概率都随着滑坡强度增大而增大。结构达到四个极限状态的易损性曲线均满足 *YY* 组合曲线在 *YX* 组合曲线上方，即 *YY* 组合达到各破坏状态的概率大于 *YX* 组合达到各破坏状态的概率。对比结构达到四个破坏状态的易损性图，由轻微破坏到完全破坏，随着破坏程度的加深，*YY* 组合作用的易损性曲线与地震单独作用的易损性曲线的差值越来越大，即 *YY* 组合作用对结构处于各破坏状态的概率的影响随着破坏状态由轻微破坏到完全破坏而逐渐增大。这可能是因为对较低的破坏程度而言结构在地震单独作用下达到相应极限状态的概率已经足够大，滑坡作用对相应概率的影响程度相对较小；而对较高的破坏状态而言地震单独作用下达到相应状态的概率还不够大，滑坡作用对相应概率的影响程度比较大。

图 2.16 和图 2.17 的基于滑坡强度的地震易损性曲线和基于极限状态的易损性曲线为一维的易损性曲线，各滑坡强度间是间断不连续的，为连续表达结构在地震-滑坡作用下的易损性，以地震强度和滑坡强度为坐标作超过各极限状态的易损性曲面，如图 2.18 所示。

图 2.18（a）、（b）、（c）的易损性曲面在 PGA 0.1*g* 附近存在明显的褶皱，是因为相应的地震需求对数标准差相比其他地震强度的对数标准差较低，此对数标准差是根据七条地震动在相同强度下的结构响应确定，0.1*g* 对应的对数标准差与其余强度下对数标准差的差异性导致 PGA 为 0.1*g* 时结构达到相应破坏状态概率的差异性，在图 2.18（a）、（b）、（c）中分别为 *YY* 组合的轻微破坏、*YX* 组合的轻微破坏和 *YY* 组合的中等破坏，这三种情况下 0.1*g* 时结构达到相应破坏的概率达到接近 1 的平台，故在 0.1*g* 时的差异性明显，表现为易损性曲面的褶皱；

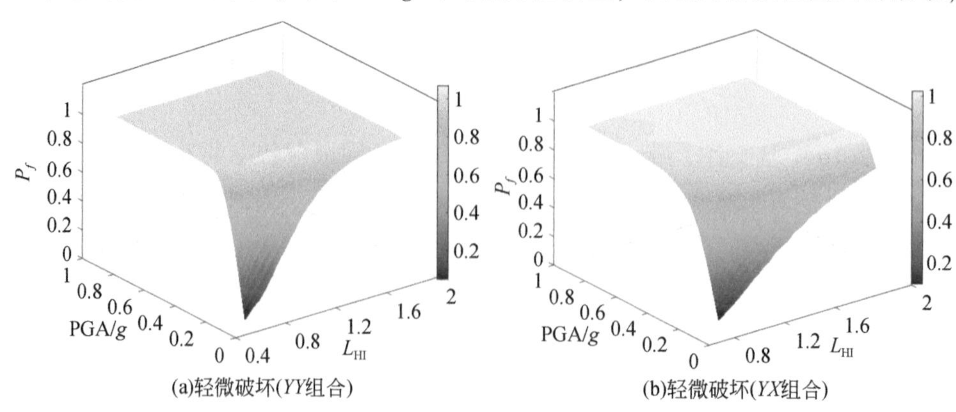

(a)轻微破坏(*YY*组合)　　(b)轻微破坏(*YX*组合)

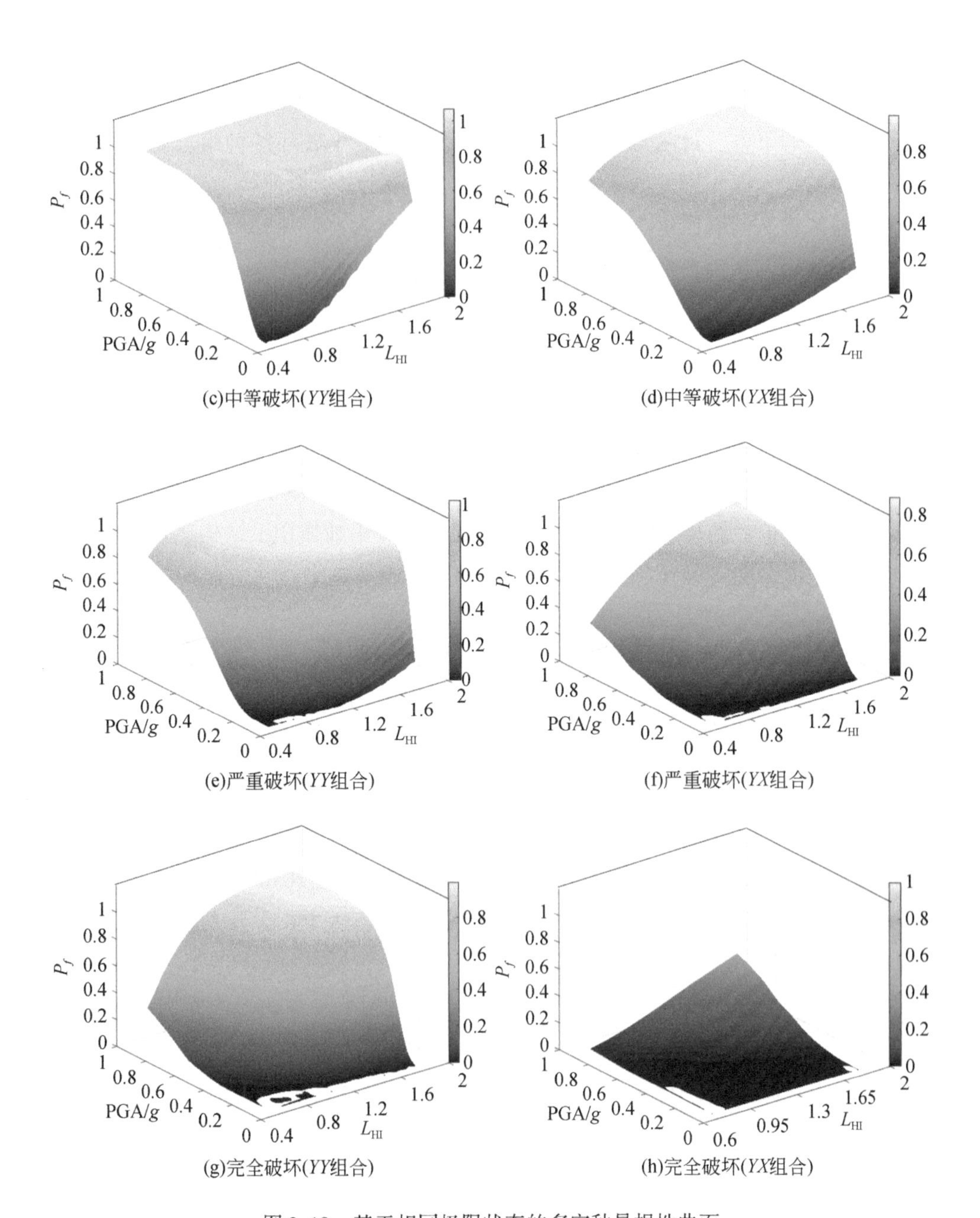

(c)中等破坏(YY组合)　(d)中等破坏(YX组合)

(e)严重破坏(YY组合)　(f)严重破坏(YX组合)

(g)完全破坏(YY组合)　(h)完全破坏(YX组合)

图 2.18　基于相同极限状态的多灾种易损性曲面

而在图 2.18（d）、(e)、(f)、(g)、(h）中，0.1g 附近结构达到相应破坏状态的概率值相对较低，且峰值加速度 0.1g 附近处于概率的增大段，即处于易损性曲面上升的斜坡段，因此未表现出明显的不平滑。通过对比图 2.18 中 *YY* 组合和 *YX* 组合各极限状态的易损性曲面发现，*YX* 组合的易损性曲面明显处于 *YY* 组合易损性曲面的下方，且随着破坏程度由轻微破坏到完全破坏两种组合的易损性曲面相差也越大，即相同的地震动强度和滑坡强度按 *YY* 组合比按 *YX* 组合使结构达到各个破坏状态的概率更高。

综上可知，结构在地震-滑坡同时作用时达到各破坏状态的概率高于地震单独作用时的相应概率；地震-滑坡按 *YY* 组合作用时的结构达到各破坏状态的概率高于地震和滑坡单独作用结果直接叠加对应的各破坏状态的概率，即地震-滑坡按 *YY* 组合作用时的结构响应值大于地震和滑坡分别单独作用结构响应的叠加值；地震-滑坡按 *YX* 组合作用时的结构达到各破坏状态的概率低于地震和滑坡单独作用结果直接叠加对应的各破坏状态的概率，*YX* 组合的结构响应值远小于 *YY* 组合的结构响应值。地震-滑坡按 *YY* 组合作用较地震单独作用下结构达到各破坏状态概率的差值，随着破坏状态由轻微破坏到完全破坏越来越大。

2.3 海南省台风-风暴潮灾害遭遇民居物理脆弱性评估

我国海南省频繁遭受台风灾害，台风引起的风暴潮进一步加重了损失程度。据统计（吴慧等，2018），自 1982 年以来，海南省台风和暴雨灾害所造成直接经济损失大约以每 10 年增加 18.86 亿元的速率在增加，仅 2016 年一年，海南省台风和风暴潮灾害造成房屋受损约一万间，受灾人口高达 456.5 万人次，造成直接经济损失就高达 76.7 亿元。历史灾害数据表明（隋意等，2020），海南东海岸是海南省受台风灾害影响最为严重的地区，1949 ~ 2017 年登陆海南东海岸的台风数量占全省 73%，该地区大量民居采用当地传统方式建造，抵抗台风和风暴潮灾害的能力有限。由于房屋建筑的物理脆弱性与建筑风貌、结构特征等密切相关，有必要结合该地区民居建筑特点和结构特征来进行台风-风暴潮灾害链下该类房屋的物理脆弱性分析。

国内外有关台风、风暴潮和台风-风暴潮灾害下房屋建筑物理脆弱性研究，主要涉及构件、单体房屋和区域建筑群体三个层面，围绕以下几方面开展相关研究工作：①基于历史数据研究两种灾害的时空变化规律（Li et al.，2018）及房屋整体的物理脆弱性（Massarra et al.，2019）；②基于成灾机理研究两种灾种之间的次生关系（Li et al.，2020）或耦合模型（Unnikrishnan and Barbato，2017）；③基于房屋构件层面研究承灾体的致灾过程和物理脆弱性（Hatzikyriakou et al.，2016）；④探讨防灾减灾策略（Creach et al.，2020）。当前研究极少从房屋单体层面的致灾机理来分析台风–风暴潮灾害遭遇下房屋整体的物理脆弱性，也未查阅到专门针对海南地区民房物理脆弱性的相关研究成果。

已有的相关房屋建筑的物理脆弱性研究方法主要有蒙特卡罗模拟（Stewart et al.，2018；钟兴春等，2017）、GIS 技术（Kim et al.，2016）、数理统计分析（Massarra et al.，2019）及数值模拟（Islam and Takagi，2020）等。Baradaranshoraka 等（2017）基于各灾害峰值强度的时间次序用 HAZUS- MH 模型提出了一种评估多灾种脆弱性的方法，不足之处在于 HAZUS- MH 分析方法基于 GIS 技术和灾害统计数据，数据难以获取；Masoomi 等（2019）基于统计分析和数值模型分析了多灾种台风–风暴潮作用下单体木结构建筑的脆弱性，采用了承灾体“损害分配方法”，即将屋架结构破坏归因于台风，而地板和墙壁破坏则为风暴潮所致，并根据构件损伤情况划分房屋破坏状态，脆弱性考虑为达到各破坏状态时所对应的条件概率曲面。目前台风–风暴潮灾害研究还是更多地侧重于灾害事件本身，对承灾体的脆弱性分析相对较少。

经过调查，海南村镇民居多为砌体结构。本节针对海南地区传统砌体民房的建筑结构特点，通过分析台风和风暴潮下砌体民房脆弱性形成机制，对整体房屋在台风–风暴潮灾害遭遇下的脆弱性进行研究，所建立的脆弱性曲面有望服务于该地区民房减灾和风险管理，也可为多灾种物理脆弱性的定量分析探索新方法。

2.3.1 台风–风暴潮下砌体民房脆弱性形成机制和脆弱性分析思路

根据历史灾害资料（周华等，2016），台风直接作用下，砌体结构房屋受损最严重部位主要是屋盖体系和砌体墙，在地势较低的地区，房屋还容易受到台风–风暴潮冲击和淹没的影响。砌体结构的脆弱性程度与房屋建造特征、建造材料及建筑物内部的家具用品等密切相关。

1. 海南地区砌体结构房屋特征

现场调研发现，鉴于当地自然地理条件、历史建筑文化传统及当地建筑材料生产条件，海南地区砌体结构房屋主要有以下特征。

海南东海岸传统砌体民房屋架结构图如图 2. 19 所示，较多采用小青瓦双坡屋面，檩条搁于砌体墙上，檩上架椽，椽上布置小青瓦，有时会用混凝土或砂浆来加强檩条与支承墙体间的联系。

(a)砌体民房的整体风貌　(b)屋架结构内景

(c)实景图　(d)建筑构造图

图 2. 19　砌体民房屋架结构图

民房体型通常比较规则，纵向较长，常见的长度有 9m、12m，横向通常为一间房间的进深。主要采用石材、烧结砖砌筑，其中烧结砖应用最为广泛。除了标准尺寸（240mm×115mm×53mm）的烧结砖，海南地区尚使用一种尺寸为 240mm×115mm×25mm 的非标准砖，考虑隔热需求，常采用空斗砌筑方式，砌体房屋砌体墙空斗砌筑方式如图 2. 20 所示，空斗砌体的抗压、抗剪、抗拉能力均非常有限。

(a)非标准砖砌体

(b)标准砖砌体

图 2. 20　砌体房屋砌体墙空斗砌筑方式

2. 历史台风中的民房受损特征及成害机制

(1) 屋盖体系的破坏特点及原因分析

民房的屋盖一般自重较小，瓦片与椽的连接弱，强风中瓦片部分或全部刮落是屋面体系的主要破坏特征。台风“威马逊”发生时，由于屋檐区域、屋脊、屋面侧边和转角等几何突变处存在高负压，瓦片被掀起，部分民居屋面瓦片全部刮落，檩条和椽木基本完好，如图 2.21（a）所示。强风下屋面各部分风压体型系数不同，故经常可观察到部分屋面瓦片刮落的破坏现象，如图 2.21（b）所示。

(a)瓦片全部刮落

(b)瓦片部分刮落

图 2.21　台风“威马逊”灾后屋面破坏情形

(2) 砌体墙的破坏特点及原因分析

砌体墙迎风面所受风荷载较大，其破坏成为砖砌民居破坏的主要形式之一。“威马逊”台风过后墙体破坏显著，台风“威马逊”灾后墙体破坏如图 2.22 所示。无论是实心墙还是空斗墙，砂浆与块体的界面是其受力薄弱面，大体都呈沿阶梯形灰缝发生破坏，导致部分倒塌，考虑到竖向灰缝的填实度低，砌体的抗力主要来自水平灰缝。

(a)阶梯形灰缝破坏

(b)墙体倒塌

图 2.22　台风“威马逊”灾后墙体破坏

（3）台风风暴潮成害机制

风暴潮是强风或风压骤变导致的大气剧烈扰动，引起海面异常升高或降低的现象。台风风暴潮在海岸则表现为风暴潮增水，潮位升高，一方面，海水在台风作用下冲击海岸建筑，建筑在海水冲击下直接受损；另一方面，海水灌进或淹没房屋，造成房屋内部装修、家具、家电等内容物损失，海水淹没深度越高，建筑经济损失越大。考虑到临河、临海建筑的实际情况，此处仅考虑后一种情况造成的损失。

3. 脆弱性分析思路和假定

台风-风暴潮下民房的脆弱性分析需重点解决两个问题，一是灾害的强度表示，二是一定灾害强度下损失率的计算。台风强度采用离地 10m 高、10min 平均风速来表征，风暴潮强度用增水高度来表示，增水高度又可用台风最大风速来表达。台风-风暴潮作用下的损失简化为三部分：台风导致的屋面受损、台风导致的墙体受损及风暴潮引起的屋内装修、家具和电器等损失。以海南地区最为常见的小青瓦屋面为对象，基于上述台风受损机理分析，假定屋面的破坏仅为小青瓦被掀起而导致的破坏；墙体的破坏为沿砌体的水平通缝发生平面外倒塌破坏；风暴潮灾害主要造成的损失表现为台风风暴潮涨水导致房屋内部装修、家具和家电等损失。台风-风暴潮灾害遭遇下总的经济损失是台风造成的经济损失和台风风暴潮造成的经济损失之和。

采用如图 2. 23 所示的台风下砌体房屋脆弱性分析路径，考虑台风作用下通常是屋面小青瓦率先发生破坏，而后是墙体，故先分析屋面的台风易损性。又考虑到风荷载作用下屋面各处所有的风压大小不同，将屋面划分为多个单元，分析每个单元的台风易损性，基于蒙特卡罗模拟，得到不同风速下各屋面单元的失效概率。假设各屋面单元的台风易损性彼此独立，一旦某个屋面单元破坏，房屋转变为“半封闭”状态，通过调整局部体型系数来考虑该变化计算风荷载值，但忽略屋面破坏洞口处的应力集中问题，以屋面单元失效的数量来定义整体屋面破坏的程度，基于蒙特卡罗模拟可得到某一风速下整个屋盖的失效概率。

以墙体的沿水平通缝的平面外抗弯承载力能否抵抗风荷载引起的弯矩来评判单片墙体是否失效，类似地针对该地区典型墙体类型，采用蒙特卡罗模拟可得到一定风速下墙体的失效概率。

建立砌体结构房屋破坏等级划分标准及相应的达到各级破坏水平的超越概率

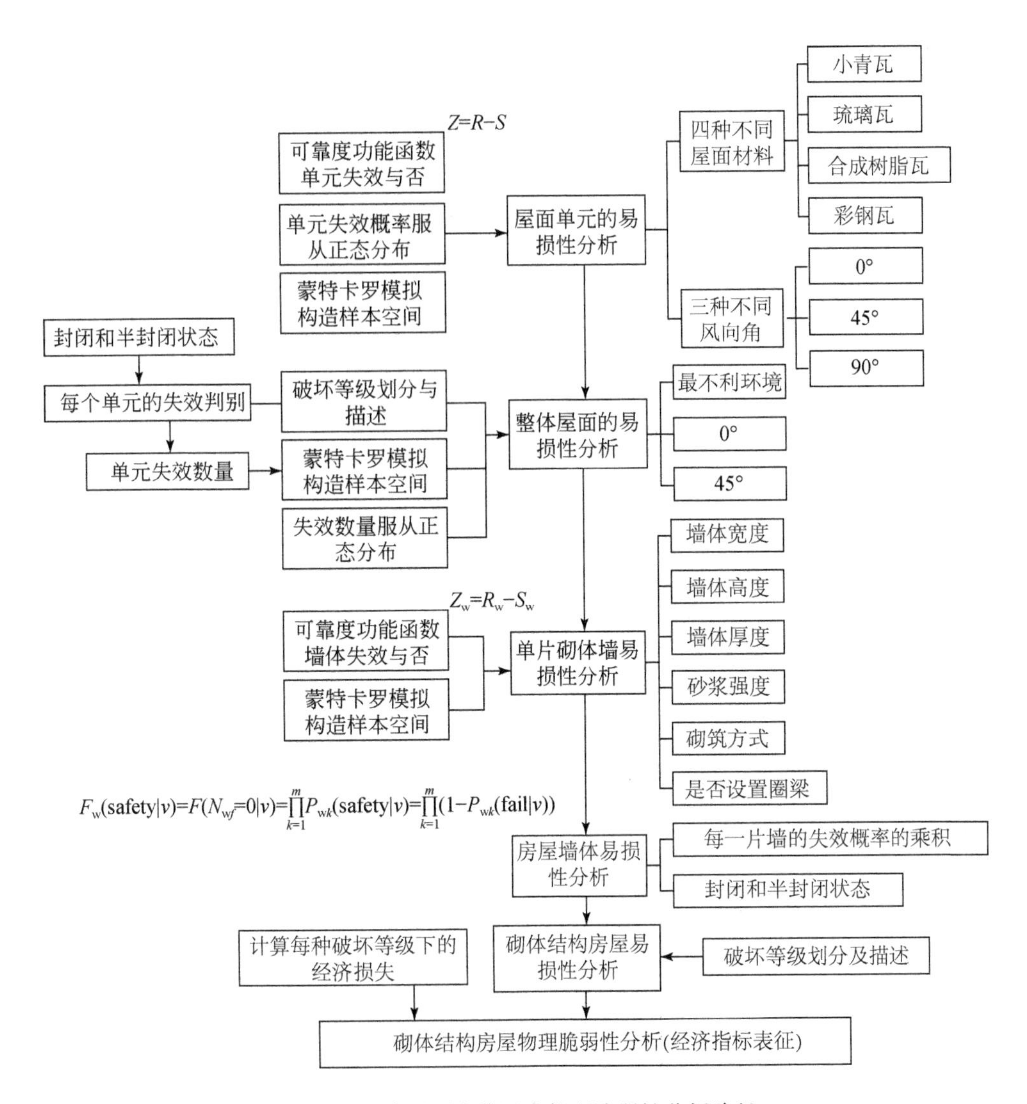

图 2.23　台风下砌体民房物理脆弱性分析路径

计算方法，根据每一屋面单元、每片外墙的蒙特卡罗模拟，计算房屋达到各级破坏水平的超越概率，进而得到台风下房屋整体各级破坏水平的易损性曲线。

采用台风作用下房屋各级破坏的维修和重建成本来计算损失率，即可得到用经济指标表示的台风下房屋物理脆弱性曲线。

2.3.2 台风–风暴潮下砌体民房脆弱性分析

已有的研究表明（Baradaranshoraka et al., 2017；Kim et al., 2016；Massarra et al., 2019；Stewart et al., 2018），基于概率可靠度的方法能够实现台风和台风风暴潮的脆弱性分析，故在此先考虑采用基于概率的蒙特卡罗模拟方法分析典型砌体民房的台风物理脆弱性，每次计算模拟次数为750次，使其计算结果更逼近实际值。

1. 台风易损性分析

（1）屋面失效判定方法及易损性分析

如上所述，台风造成的灾损主要是屋面瓦片刮落和墙体倒塌。钟兴春等（2017）认为，屋面不同区域承受风压作用不同，故将屋面划分为A、B、C和D四个区域，每个区域又划分为数个屋面单元，如图2.24所示的小方格即为一个屋面单元。每个屋面单元的可靠度功能函数可以用式（2.38）表示。当 $Z<0$ 时，该单元瓦片脱落失效；当 $Z \geqslant 0$，该单元屋面安全可靠。

$$Z=R-S \tag{2.38}$$

式中，R 为结构抗力；S 为风荷载效应。

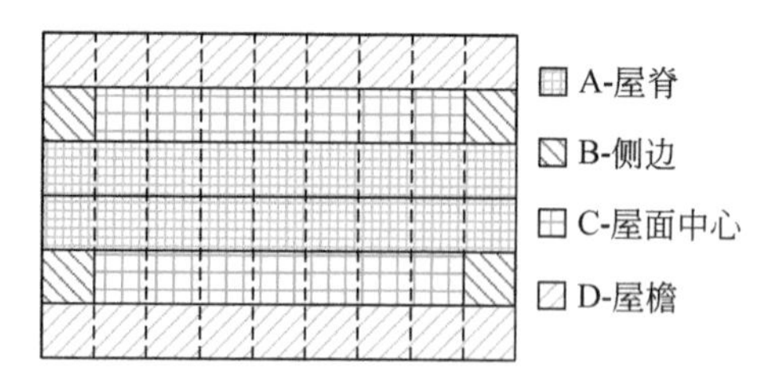

图2.24 双坡屋面单元划分

单位面积小青瓦屋面的抗力按式（2.39）计算。

$$R=\gamma_{小青瓦}\lambda\cos\alpha \tag{2.39}$$

式中，$\gamma_{小青瓦}$为当地小青瓦屋面容重（kN/m^2），视为服从正态分布的随机变量；λ 为屋面抗力增大系数，以考虑相邻瓦片间相互约束或其他加固措施的加强作用，屋面局部加强情况如图2.25所示，屋脊区域和屋面侧边区域通常有混凝土加强措施，故取屋脊区域 $\lambda=1.5$，侧边区域 $\lambda=1.3$，中心区域的屋面单元受相邻屋面单元的约束取 $\lambda=1.2$，屋檐区域瓦片相邻单元间约束较弱，取 $\lambda=1.1$；α 为屋面坡度。

图 2.25　屋面局部加强情况

垂直于屋面的风荷载平均值根据《建筑结构荷载规范》(GB 50009—2012) 中相关规定计算单位面积上风荷载标准值，如式（2.40）所示。

$$w_k=\beta_{gz}\mu_{sl}\mu_z\frac{v^2}{1600} \tag{2.40}$$

式中，β_{gz} 为高度 z 处的阵风系数；μ_{sl} 为局部风压体型系数；μ_z 为风压高度变化系数；v 为离地 10 m 高、10 min 平均风速（m/s），实际离地面高度根据《建筑结构荷载规范》(GB 50009—2012) 取插值。需说明的是，台风作用下，屋面的部分瓦片出现损坏，房屋成为“半封闭”状态，屋面局部风压体型系数骤变，此时参考已有实验结果和《建筑结构荷载规范》(GB 50009—2012) 对其取值。

式（2.38）作为判定每个屋面单元在一定风速下失效与否的标准，基于蒙特卡罗模拟，可得到每个屋面单元的失效概率，也可统计出整个屋面中屋面单元的失效数量 n。根据屋面单元的失效数量划分整体屋面的破坏等级，基于蒙特卡罗模拟所构建的样本库，可得到一定风速下各破坏等级的超越概率，进而绘制屋面的易损性曲线。

(2) 墙体失效判定方法

台风灾害下砌体墙破坏主要表现为沿灰缝发生平面外弯曲破坏，结构抗力受控于沿砂浆水平通缝截面的抗弯能力。当风荷载作用下在墙体中产生的荷载效应 S_w（弯矩值）超过墙体的抗力 R_w（抗弯承载力），即判定为墙体失效，墙体可靠

度功能函数 Z_w 小于0，即判定为墙体失效，如式（2.41）所示。

$$Z_w = R_w - S_w \tag{2.41}$$

对于海南地区使用较多的无眠空斗砌体墙，在垂直于墙面的台风作用下，若忽略其自重，不计入截面中间部位对抗弯的贡献，无眠空斗墙结构抗力可用式（2.42）计算。

$$R_w = \left(bc(h-2c) + \frac{4bc^3}{3h}\right) \times \left(\frac{3a}{2a+2c}\gamma_{砌体} H + f_{tm,m}\right) \tag{2.42}$$

式中，b 为单位墙宽；h 为墙厚；$\gamma_{砌体}$ 为砌体容重；H 为计算截面以上砌体的高度；$f_{tm,m}$ 为砌体弯曲抗拉强度平均值；a 为砌块长度；c 为砌块厚度。

风荷载在墙体内产生的最大弯矩按一边固定、两边简支、一边自由的双向板跨内弯矩来确定，即按式（2.43）计算。

$$S_w = \frac{\alpha\beta_{gz}\mu_s\mu_z v^2 l_x^2}{1600} \tag{2.43}$$

式中，S_w 为砌体墙墙体所受风荷载，取 M_y^0 值；α 为弯矩系数；l_x 为墙宽；μ_s 为风荷载体型系数；β_{gz} 为高度 z 处阵风系数，取墙高的一半。

（3）房屋整体物理脆弱性分析

第一，破坏等级的划分和描述。

为了描述砌体结构台风灾害下的受损程度，结合砌体墙和屋盖破坏情况对砌体结构房屋的破坏等级进行分类，砌体结构房屋破坏等级划分如表2.29所示。

表2.29　砌体结构房屋破坏等级划分

砌体结构房屋破坏等级	屋面单元失效数量 n	砌体墙失效数量
轻微破坏	1	0
中等破坏	2～11（5%～20%）	0
严重破坏	12～27（20%～50%）	0
完全破坏	>27（50%）	0
结构倒塌	—	≥1

第二，蒙特卡罗模拟。

以海南地区一典型砌体结构房屋为对象，典型砌体结构尺寸如图2.26所示。屋面为村镇地区最常见的小青瓦，屋面坡度30°。墙体采用海南东海岸常见空斗砌筑方式，墙体厚度为240mm，窗洞尺寸为600mm×800mm，门洞高度为整个砌体墙的高度，门洞上方没有砌块。地面粗糙度为 B 类。

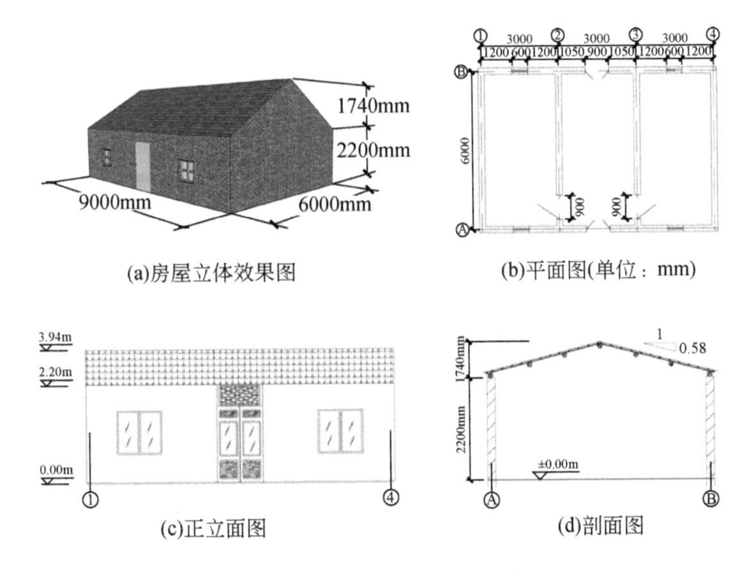

图 2.26　典型砌体结构尺寸

各相关参数按下述方法取值：屋面按坡度 30°考虑，其抗力增大系数取 1.2（钟兴春等，2017）。小青瓦屋面容重取 0.9kN/m²，变异系数取 0.2。砌体墙容重按照《建筑结构荷载规范》（GB 50009—2012）取值，变异系数按文献（钟兴春等，2017）取值。砌体弯曲抗拉强度平均值根据《砌体结构设计规范》(GB 50003—2011) 计算确定，变异系数的取值按文献（李章政和熊峰，2014）确定。弯矩系数按文献（建筑结构静力计算手册编写组，1998）插值计算取值。按照《建筑结构荷载规范》(GB 50009—2012) 取离地面高度 5m 处阵风系数均值 $\overline{\beta}_{gz}^{5}=1.88$，离地面高度 10m 处阵风系数均值 $\overline{\beta}_{gz}^{10}=1.78$，计算时根据实际的离地面高度采用线性插值，变异系数参考文献（钟兴春等，2017）取为 0.22。风荷载体型系数按照《建筑结构荷载规范》(GB 50009—2012) 取值，变异系数参照文献（Lee and Rosowsky，2005）取值。结构屋面不同区域的局部风压体型系数不同，采用《建筑结构荷载规范》(GB 50009—2012) 规定的局部风压体型系数：屋脊和屋面周边（A 和 B 区域）局部风压体型系数取为−2.2；屋檐、雨棚等突出构件（D 区域）局部风压体型系数取为−2.0。屋面中心区域（C 区域）按照文献（钟兴春等，2017）取为−1.2，局部风压体型系数变异系数参照文献（Lee and

Rosowsky, 2005）取值。风压高度变化系数μ_z，按照《建筑结构荷载规范》（GB 50009—2012）A 类粗糙度离地面高小于 5m，取值为 1.17。砌体结构脆弱性蒙特卡罗模拟参数见表 2.30。

表 2.30　砌体结构脆弱性蒙特卡罗模拟参数

变量名称	符号表示	单位	概率分布	平均值	变异系数
屋面坡度	α	(°)	常数	30°	—
屋面抗力增大系数	λ	—	常数	1.2（钟兴春等，2017）	—
小青瓦屋面容重	$\gamma_{小青瓦}$	kN/m^2	正态分布	0.9［《建筑结构荷载规范》（GB 50009—2012）］	0.2
单位墙宽	b	m	常数	1	—
墙厚	h	m	常数	0.24	—
墙宽	l_x	m	常数	按具体墙宽确定	—
砌体容重	$\gamma_{砌体}$	kN/m^3	正态分布	18	0.20（钟兴春等，2017）
计算截面以上砌体的高度	H	m	常数	取墙高	—
砌体弯曲抗拉强度平均值	$f_{tm,m}$	MPa	正态分布	0.34	0.20［《建筑结构荷载规范》（GB 50009—2012）］
弯矩系数	α	—	常数	据建筑结构静力计算手册编写组（1998）取值	—
高度 z 处的阵风系数	β_{gz}	—	正态分布	1.90～1.94	0.22（钟兴春等，2017）
风荷载体型系数	μ_s	—	正态分布	查表确定	0.12（Lee and Rosowsky, 2005）
局部风压体型系数	μ_{sl}	—	正态分布	根据区域确定	0.12（Lee and Rosowsky, 2005）
风压高度变化系数	μ_z	—	常数	1.17	—
离地 10m 高，10min 平均风速	v	m/s	—	—	—

特定风速下，经 750 次模拟之后，可得 750 个屋面单元失效数量 n 的值，按表 2.29 所划分的破坏等级统计各等级下模拟次数所占比例，即为该风速下屋面

各破坏等级的破坏概率。同理，750 次模拟中砌体墙失效数量≥1 所占比例即为该风速下结构倒塌的概率。

根据蒙特卡罗模拟分析的计算结果，拟合可得最不利环境下砌体结构房屋易损性曲线，见图 2.27。

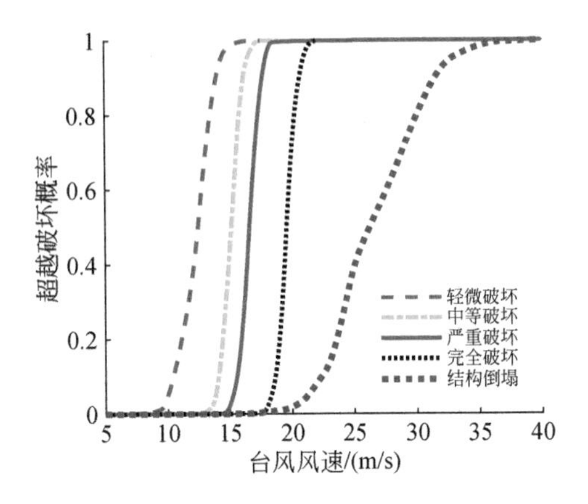

图 2.27　最不利环境下砌体结构房屋易损性曲线

2. 台风-风暴潮的内在关系

综合风暴潮成害机制和文献（丁越峰，2004）对台风风暴潮等级及灾情的定量分析表明，台风风暴潮增水高度最能反映台风风暴潮灾害下的灾害特征，故以淹没深度为风暴潮灾害强度指标。

基于文献（Irish et al.，2008）给出的台风风暴潮高度、台风中心气压差、台风最大风速、台风最大风速半径和海岸岸坡关系模型为

$$\sqrt{\hat{\zeta}} = [\sqrt{\hat{R}_{\max}} \quad 1]\left\{C(S_O)\begin{bmatrix}\Delta\hat{P}^2 \\ \Delta\hat{P} \\ 1\end{bmatrix}\right\} \tag{2.44}$$

式中，$\hat{\zeta}$ 为与台风风暴潮高度相关的无量纲的量；$\hat{R}_{\max}$ 为与台风最大风速半径相关的无量纲的量；$C(S_O)$ 为与海岸岸坡相关的 2×3 拟合系数矩阵，参考文献（Irish et al.，2008）取海岸坡度为 1∶250；$\Delta\hat{P}$ 为与台风中心气压差相关的无量纲的量。

统计分析中国气象局热带气旋资料网（tcdata. typhoon. org. cn）1980～2016年登陆海南省的台风资料（Lu et al. 2017）发现，台风最大风速与台风中心气压差线性相关性很高，可用式（2.45）来表示，而台风最大风速半径具有较显著的对数正态分布特性。采用蒙特卡罗模拟方法计算台风风暴潮灾害，台风中心气压差变异系数、台风最大风速半径平均值和变异系数均根据1980～2016年登陆海南省的台风资料计算得到，标准大气压和重力加速度均参照当地标准取值，台风风暴潮蒙特卡罗模拟参数的取值见表2.31。以岸坡1：250为例取系数矩阵，计算结果取台风风暴潮高度最大值，台风–风暴潮内在关系曲线如图2.28所示。

$$\Delta P = 1.5V_{max} - 7.22 \tag{2.45}$$

式中，ΔP为台风中心气压差（hPa）；V_{max}为台风最大风速（m/s）。

表2.31　台风风暴潮蒙特卡罗模拟参数的取值

变量名称	符号表示	单位	概率分布	平均值	变异系数
台风中心气压差	ΔP	hPa	正态分布	按式（2.45）计算	0.29
重力加速度	g	m/s^2	常数	9.806	
标准大气压	p_{atm}	hPa	常数	1013.25	
台风最大风速半径	R_{max}	km	对数正态分布	108.10	0.05
系数矩阵	$C(S_O)$	1	系数矩阵	参照文献（Irish et al., 2008）	
台风风暴潮高度	ζ	m			

3. 台风–风暴潮灾害遭遇下房屋物理脆弱性分析

建筑单体因灾造成的建筑经济损失可用于表征建筑的物理脆弱性。计算灾后建筑经济损失，常采用的方法为定额清单法和智能化预测方法。在此采用定额清单法计算单体房屋灾后损失。

（1）台风房屋倒损脆弱性

在第1小节对房屋不同物理破坏程度进行分类与量化的基础上，通过调查海南地区房屋的修缮措施，确定每一级破坏状态的修缮成本，结合达到每一级破坏状态的超越概率以计算房屋倒损台风平均经济损失（赵开鹏等，2022）。

因此，在给定风速v台风作用下，砌体结构房屋平均经济损失可用式（2.46）计算。

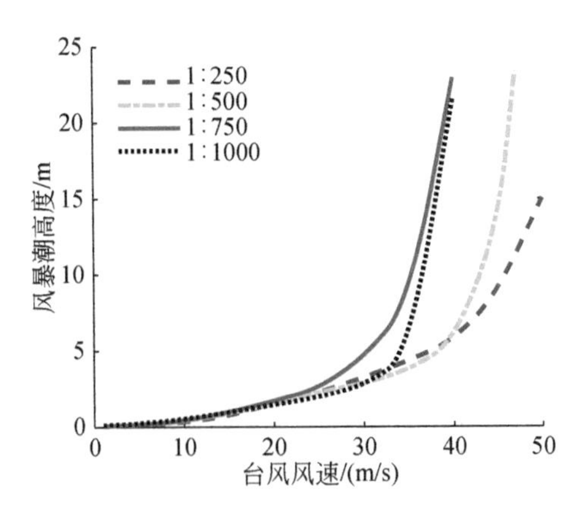

图 2.28　台风-风暴潮内在关系曲线

$$V_A=(p_1-p_2)V_1+(p_2-p_3)V_2+(p_3-p_4)V_3+(p_4-p_5)V_4+p_5V_5 \tag{2.46}$$

式中，V_A 为风速 v 台风作用下对砌体结构房屋平均经济损失；p_1，p_2，p_3，p_4，p_5 分别表示风速 v 作用下砌体结构达轻微破坏、中等破坏，严重破坏、完全破坏和结构倒塌的超越概率；V_i（$i=1\sim5$）分别表示砌体结构轻微破坏、中等破坏、严重破坏、完全破坏和结构倒塌对应的平均维修或重建成本。

与五个破坏等级对应的平均维修成本 V_i 见表 2.32，基于维修或重建工程量 Q 和成本单价 C 来确定，Q 和 C 则依据《建设工程工程量清单计价规范》（GB 50500—2013）、《海南省房屋修缮与抗震加固综合定额（2015）》及海南省市场均价，利用广联达 GCCP 云计价平台进行计价。特别需要说明的是，对于墙体失效导致倒塌破坏的情况，其重建成本包括拆除和重建两部分，拆除和重建工程量按上述规范或定额来计算。

表 2.32　维修成本

砌体结构房屋破坏等级	维修措施	平均维修成本/元
轻微破坏	查漏维修	891.52
中等破坏	屋面维修	2 426.63
严重破坏	屋面维修	6 055.06
完全破坏	屋面维修	12 055.92
结构倒塌	重建	101 313.92

（2）风暴潮房屋倒损脆弱性

不同家电、家具和装修在不同风暴潮高度下对水敏感程度不同，故在此引入平均损失高度来量化淹没损失，见表 2.33。其平均单价参考中国产业信息网（www.chyxx.com）、海南省工程建设标准定额信息（来源：www.cecn.org.cn/）、《中国电风扇产业市场分析报告》（来源：www.askci.com）和《2017 年中国床垫行业市场发展现状与发展特点分析》（来源：www.chyxx.com）等对装修、家具和家电进行均价取值。

表 2.33　装修、家具和家电价格

装修、家具和家电	平均单价	平均损失高度/m
电风扇	150 元/个	0.50
电视机	2843 元/个	0.80
洗衣机	2925 元/个	0.30
冰箱	4175 元/个	0.20
电热水壶	135 元/个	0.40
墙面	34.28 元/m^2	淹没高度+0.10
床垫	936 元/个	0.45

（3）台风–风暴潮灾害遭遇下房屋倒损脆弱性

结合台风经济脆弱性分析和台风风暴潮经济脆弱性分析，进行台风–风暴潮灾害共同作用下砌体结构经济脆弱性评估。海口市位于海南省东部，市中心海拔 10m 左右，海岸至市中心中点附近即海拔 5m 处，砖混民居较为普遍，故预设室内地坪海拔为 5m。

根据台风与台风风暴潮之间的内在关系，可以用台风风速表征台风–风暴潮共同作用下灾害强度，台风造成的损失为风荷载对结构构件的破坏，台风风暴潮造成的损失则为涨水淹没对房屋内容物的损坏。结合灾害物理脆弱性分析和造价信息可以得到某一特定风速下砌体结构经济损失，进而得到典型砌体结构房屋经济脆弱性曲线，如图 2.29 所示。

当风速小于 38m/s，此时引发风暴潮涨水还不足以淹没建筑物，经济损失是由台风掀起屋面局部瓦片引起；随着风速增大，屋面破坏程度持续增加直到砌体墙出现损坏，此时台风引起的经济损失达到极值；当风速增大到 38m/s，风暴潮

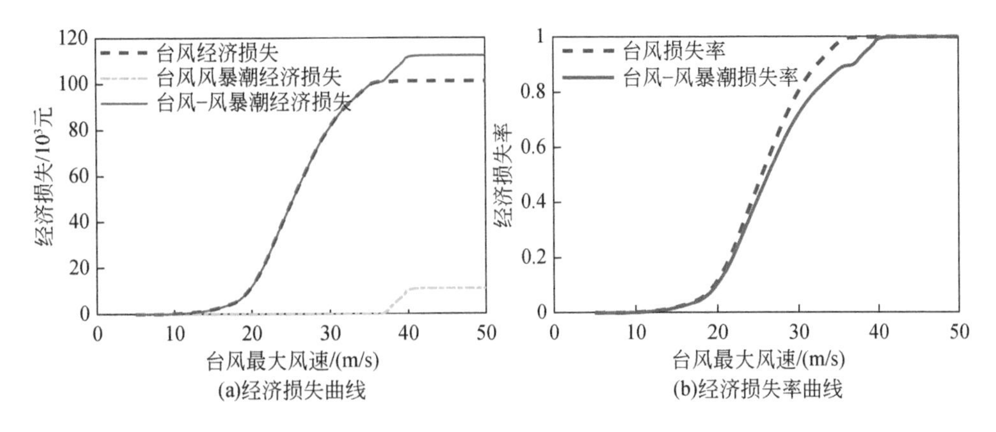

图 2. 29　典型砌体结构房屋经济脆弱性曲线

淹没高度达到室内地坪高度，房屋内家具、家电等受海水侵蚀产生损失，直到房屋内容物经济损失达到极值，此时台风-风暴潮灾害共同作用下砌体结构经济损失达到最大值。

需要指出的是，本次分析所选择的居民家庭生活水平较低，屋内设施简陋，故因风暴潮引起的经济损失相对于房屋建筑受损所造成的损失占比很小，总体而言，在整个灾害过程中台风造成的房屋经济损失是台风-风暴潮经济损失的主要部分。

2.4　本章小结

本章分别针对地震-滑坡灾害链、地震-泥石流灾害链和台风-风暴潮灾害链遭遇下的房屋建筑脆弱性进行了评估和案例分析。主要工作和结果如下：

（1）基于经验易损性分析方法，探索了地震-泥石流灾害链作用下砖混结构房屋经验易损性分析过程，提出了泥石流下及地震-泥石流灾害链下砌体结构房屋破坏等级划分标准，并建立了地震-泥石流灾害链致灾耦合模型，据此得到了地震-泥石流灾害链下砌体结构房屋的易损性曲面。

（2）通过研究 RC 框架结构房屋在地震-滑坡灾害链作用下的结构响应和易损性，考虑不同强度灾害及其作用方向组合工况进行时程分析，并基于回归分析结果和易损性分析方法，建立了 RC 框架结构控制组合工况下地震-滑坡易损性曲面，得到了 RC 框架结构地震-滑坡灾害链下的脆弱性曲面。

（3）针对海南村镇房屋砌体结构特点和建筑特征，结合历史灾害数据构建了以台风风暴潮高度表征灾害强度的蒙特卡罗模型，基于台风-风暴潮内生关系曲线，建立了台风-风暴潮灾害共同作用的房屋经济损失的计算方法，绘制了房屋台风-风暴潮灾害共同作用经济损失脆弱性曲线。

2.5 参考文献

毕钰璋，孙新坡，何思明，等．2018．滑坡受灾结构体易损性离散元分析．金属矿山，（7）：167-174.

丁越峰．2004．浅谈风暴潮灾害的现状及防御．地理教学，（2）：4-5.

高惠瑛，别冬梅，马建军，等．2010．汶川地震区砖砌体住宅房屋易损性研究．世界地震工程，26（4）：73-77.

国家市场监督管理总局，国家标准化管理委员会．2021．中国地震烈度表（GB/T 17742—2020）．北京：中国标准出版社．

胡凯衡，崔鹏，葛永刚．2012．舟曲“8．8”特大泥石流对建筑物的破坏方式．山地学报，30（4）：484-490.

黄勋．2015．强震区大型泥石流动力特性与风险量化研究．成都：成都理工大学．

黄勋，唐川．2016．基于数值模拟的泥石流灾害定量风险评价．地球科学进展，31（10）：1047-1055.

建筑结构静力计算手册编写组．1998．建筑结构静力计算手册．北京：中国建筑工业出版社．

李章政，熊峰．2014．建筑结构设计原理．北京：化学工业出版社．

卢颖，郭良杰，侯云玥，等．2015．多灾种耦合综合风险评估方法在城市用地规划中的应用．浙江大学学报（工学版），49（3）：538-546.

吕大刚，于晓辉，宋鹏彦，等．2009．抗震结构最优设防水平决策与全寿命优化设计的简化易损性分析方法．地震工程与工程振动，29（4）：23-32.

乔建平，赵宇．2001．滑坡危险度区划研究述评．山地学报，19（2）：157-160.

屈永平，唐川，刘洋，等．2015．四川省都江堰市龙池地区“8·13”泥石流堆积扇调查和分析．水利学报，46（2）：197-207.

司鹄，张艳艳，李伟，等．2015．滑坡灾害输电塔易损性评估模型．辽宁工程技术大学学报（自然科学版），34（3）：382-385.

隋意，石洪源，钟超，等．2020．我国台风风暴潮灾害研究．海洋湖沼通报，（3）：39-44.

孙柏涛，张桂欣．2012．汶川8．0级地震中各类建筑结构地震易损性统计分析．土木工程学报，45（5）：26-30.

吴慧，胡德强，朱晶晶．2018. 海南省台风和暴雨灾害年景评估及其变化分析．海南大学学报（自然科学版），36（4）：368-375.

吴善香．2015. 砌体结构地震易损性分析．哈尔滨：中国地震局工程力学研究所．

吴越，刘东升，李硕洋．2012. 基于滑体与受灾体共同作用的冲击能计算模型．岩石力学与工程学报，31（z1）：2636-2643.

吴越，刘东升，陆新，等．2011. 承灾体易损性评估模型与滑坡灾害风险度指标．岩土力学，32（8）：2487-2492.

许强．2010. 四川省 8・13 特大泥石流灾害特点、成因与启示．工程地质学报，18（5）：596-608.

叶肇恒，孟凡馨，杨璐遥．2019. 基于震害资料的四川省藏式房屋地震易损性研究．华南地震，39（1）：40-45.

尹之潜．1996. 结构易损性分类和未来地震灾害估计．中国地震，（1）：49-55.

于晓辉，吕大刚．2016. 基于易损性的钢筋混凝土框架结构抗震性能裕度评估．建筑结构学报，37（9）：53-60.

于晓辉，吕大刚，王光远．2008. 土木工程结构地震易损性分析的研究进展．大连：第二届结构工程新进展国际论坛论文集．

曾超．2014. 泥石流作用下建筑物易损性评价方法．北京：中国科学院大学．

曾超，贺拿，宋国虎．2012. 泥石流作用下建筑物易损性评价方法分析与评价．地球科学进展，27（11）：1211-1220.

赵开鹏，李碧雄，吴德民，等．2022. 台风-风暴潮下海南地区砌体房屋物理脆弱性分析．防灾减灾工程学报，42（2）：330-339.

钟兴春，方伟华，曹诗嘉．2017. 基于构件损毁模拟仿真的沿海农村典型低矮房屋台风风灾易损性研究．北京师范大学学报（自然科学版），53（1）：51-59.

周华，韩琴，花立春，等．2016. 2014 年“威马逊”超强台风作用下建筑结构灾损调查与分析：砌体结构．建筑结构，46（3）：100-105.

邹强，郭晓军，朱兴华，等．2014. 岷江上游“7・10”泥石流对公路的危害方式及成因．山地学报，32（6）：747-753.

Baradaranshoraka M，Pinelli J，Gurley K，et al. 2017. Hurricane wind versus storm surge damage in the context of a risk prediction model. Journal of Structural Engineering，143（9）：04017103. 1-04017013. 10.

Cornell C A，Jalayer F，Hamburger R O，et al. 2002. Probabilistic basis for 2000 SAC Federal Emergency Management Agency steel moment frame guidelines. Journal of Structural Engineering，128（4）：526-533.

Creach A，Bastidas-Arteaga E，Pardo S，et al. 2020. Vulnerability and costs of adaptation strategies for housing subjected to flood risks: Application to La Guérinière France. Marine Policy, 117: 103438.

Ellingwood B R, Rosowsky D V, Li Y, et al. 2004. Fragility assessment of light-frame wood construction subjected to wind and earthquake hazards. Journal of Structural Engineering, 130 (12): 1921-1930.

Hatzikyriakou A, Lin N, Gong J, et al. 2016. Component-based vulnerability analysis for residential structures subjected to Storm Surge impact from Hurricane Sandy. Natural Hazards Review, 17 (1): 05015005.

Irish J L, Resio D T, Ratcliff J J. 2008. The influence of storm size on hurricane surge. Journal of Physical Oceanography, 38 (9): 2003-2013.

Islam M R, Takagi H. 2020. Typhoon parameter sensitivity of storm surge in the semi-enclosed Tokyo Bay. Frontiers of Earth Science, 14 (3): 553-567.

Jakob M, Stein D, Ulmi M. 2012. Vulnerability of buildings to debris flow impact. Natural Hazards, 60 (2): 241-261.

Kim J, Woods P K, Park Y J, et al. 2016. Predicting hurricane wind damage by claim payout based on Hurricane Ike in Texas. Geomatics, Natural Hazards and Risk, 7 (5): 1-13.

Lee K H, Rosowsky D V. 2005. Fragility assessment for roof sheathing failure in high wind regions. Engineering Structures, 27 (6): 857-868.

Li A, Guan S, Mo D, et al. 2020. Modeling wave effects on storm surge from different typhoon intensities and sizes in the South China Sea. Estuarine, Coastal and Shelf Science, 235: 106551.

Li X, Han G, Yang J, et al. 2018. Using satellite altimetry to calibrate the simulation of Typhoon Seth storm surge off southeast China. Remote Sensing, 10 (4): 657.

Liu Z, Nadim F, Garcia-Aristizabal A, et al. 2015. A three-level framework for multi-risk assessment. Georisk, 9 (2): 59-74.

Lu X, Yu H, Yang X, et al. 2017. Estimating tropical cyclone size in the Northwestern Pacific from geostationary satellite infrared images. Remote Sensing, 9 (7): 728.

Martin J, Alipour A, Sarkar P. 2019. Fragility surfaces for multi-hazard analysis of suspension bridges under earthquakes and microbursts. Engineering Structures, 197: 109169. 1-109169. 13.

Masoomi H, van De Lindt J W, Ameri M R, et al. 2019. Combined wind-wave-surge hurricane-induced damage prediction for buildings. Journal of Structural Engineering, 145 (1): 04018227. 1-04018227. 15.

Massarra C C, Friedland C J, Marx B D, et al. 2019. Predictive multi-hazard hurricane data-based fragility model for residential homes. Coastal Engineering, 151: 10-21.

Ming X, Xu W, Li Y, et al. 2014. Quantitative multi-hazard risk assessment with vulnerability surface and hazard joint return period. Stochastic Environmental Research and Risk Assessment, 29 (1): 35-44.

Modica A, Stafford P J. 2014. Vector fragility surfaces for reinforced concrete frames in Europe. Bulletin of Earthquake Engineering, 12 (4): 1725-1753.

Peduto D, Ferlisi S, Nicodemo G, et al. 2017. Empirical fragility and vulnerability curves for buildings exposed to slow- moving landslides at medium and large scales. Landslides, 14 (6): 1993-2007.

Rheinberger C M, Romang H E, Bründl M. 2013. Proportional loss functions for debris flow events. Natural Hazards and Earth System Science, 13 (8): 2147-2156.

Romang H, Kienholz H, Kimmerle R, et al. 2003. Control structures, vulnerability, cost-effectiveness—A contribution to the management of risks from debris torrents//Rickenmann D, Chen C. Debrisflow Hazards Mitigation: Mechanics, Prediction, and Assessment. Rotterdam: Millpress Science Publishers: 1303-1313.

Setyawan B, Sartohadi J, Hadmoko D S. 2016. Analysis of building position and orientation to assess the building vulnerability to landslide through the interpretation of 2D small format aerial photo (Case study in bompon catchment, magelang regency) . Advances in Social Science, Education and Humanities Research, 79: 239-243.

Singh A, Kanungo D P, Pal S. 2019. Physical vulnerability assessment of buildings exposed to landslides in India. Natural Hazards, 96 (2): 753-790.

Spence R, Coburn A W, Pomonis A, et al. 1992. Correlation of ground motion with building damage: The definition of a new damage-based seismic intensity scale//the 10th World Conference on Earthquake Engineering, Netherlands: 551-556.

Stewart M G, Ginger J D, Henderson D J, et al. 2018. Fragility and climate impact assessment of contemporary housing roof sheeting failure due to extreme wind. Engineering Structures, 171: 464-475.

Tian Y, Chong X, Xu X, et al. 2016. Detailed inventory mapping and spatial analyses to landslides induced by the 2013 Ms 6.6 Minxian Earthquake of China. Journal of Earth Science, 27 (6): 1016-1026.

Totschnig R, Sedlacek W, Fuchs S, et al. 2011. A quantitative vulnerability function for fluvial sediment transport. Natural Hazards, 58 (2): 681-703.

Unnikrishnan V U, Barbato M. 2017. Multihazard interaction effects on the performance of low- rise wood- frame housing in hurricane- prone regions. Journal of Structural Engineering, 143 (8): 04017076.

Xu C, Xu X, Shyu J B H. 2015. Database and spatial distribution of landslides triggered by the

Lushan, China Mw 6.6 earthquake of 20 April 2013. Geomorphology, 248 (1): 77-92.

Xu C, Xu X, Yao X, et al. 2014. Three (nearly) complete inventories of landslides triggered by the May 12, 2008 Wenchuan Mw 7.9 earthquake of China and their spatial distribution statistical analysis. Landslides, 11 (3): 441-461.

Zheng X, Li H, Yang Y, et al. 2019. Damage risk assessment of a high- rise building against multihazard of earthquake and strong wind with recorded data. Engineering Structures, 200: 109697.

第3章 多灾种重大自然灾害公路物理脆弱性评估

本章分别以海南省为例，开展了台风大风-暴雨耦合作用下的公路物理脆弱性定量评估，以及以福建省为例，开展了强降雨-洪涝灾害链公路网络脆弱性定量评估。

3.1 海南省台风大风-暴雨公路物理脆弱性定量评估

公路运输系统对于社会的正常运行起着至关重要的作用，对于灾后救援和恢复也尤为重要。地震、洪水、台风、山体滑坡等自然灾害都可能造成公路运输系统破坏。全球公路和铁路资产预计每年因多种灾害造成的损失为146亿美元（Koks et al.，2019）。作为一种具有破坏性的自然灾害，台风会对公路运输系统造成大规模的破坏，从而降低交通网络的运输能力。2013年11月8日，台风“海燕”在菲律宾登陆，最大风速为57m/s。菲律宾有41个省份的公路受影响，救灾物资运送困难，灾后救援工作也面临很大挑战。据报道，菲律宾用了年度预算的20%来重建基础设施。2005年“卡特里娜”飓风在路易斯安那州格兰德岛附近登陆，风速约为127mile[①]/h，一些地区的总降水量达5in[②]（约13cm）。新奥尔良地区近3220km的公路被洪水淹没了5周（Zhang et al.，2008）。根据美国运输部联邦公路管理局的数据，到2011年，有超过24亿美元的投资用于重建路易斯安那州和墨西哥湾沿岸地区的基础设施（Lee and Hall，2011）。2019年8月10日，台风“利奇马”在浙江省登陆，最大风速为52m/s，截至10日9时，上海、杭州、宁波及温州等地机场取消进出港航班共计1804架次，并造成浙江、

① 1mile=1.609 344km。

② 1in=2.54cm。

上海、江苏3省（市）多路段的旅客列车停运，对铁路、民航、公路等造成不同程度影响。海南是中国遭受台风灾害影响最为严重的省份之一，台风灾害不仅给海南省带来巨大的直接经济损失，也给社会生活带来了极大的影响。因此量化公路脆弱性对于减轻台风风险及指导台风灾害应急规划和管理十分重要。

3.1.1 研究数据

截至2018年底，海南全省公路通车总里程3.5万km，公路客运量总计0.96亿人，公路货物周转量84.9亿t。基于公开地图（Open Street Map，OSM）获取海南省公路地理空间数据，并根据海南省天地图提取得到国道、高速、省道和县道的信息。

热带气旋数据来源于中国气象局热带气旋资料中心提供的CMA-STI西北太平洋热带气旋最佳路径数据集，包括热带气旋从产生到消失的每6h间隔位置，以及热带气旋强度类别、最低海平面气压和2min的最大持续风速。热带气旋过程的降水数据来源于美国国家航空航天局（National Aeronautics and Space Administration，NASA）提供的分辨率为0.1°×0.1°的GPM_3IMERGDL数据集（Huffman et al.，2019）。热带气旋期间海南各地的风速数据根据模型模拟得到。

热带气旋造成的公路毁坏数据从海南省交通运输厅获得。该数据提供了整个海南省养公路在2014年“威马逊”、2014年“海鸥”、2016年“莎莉嘉”三场热带气旋（图3.1）期间的毁坏路段桩号、水毁类型、水毁工程量及其修复成本等详细信息。公路水毁类型主要包括防护工程（包括挡土墙、护坡、排水沟）、路基、边坡和路面，其中防护工程记录最多（69.8%），其次是路面（16.1%）

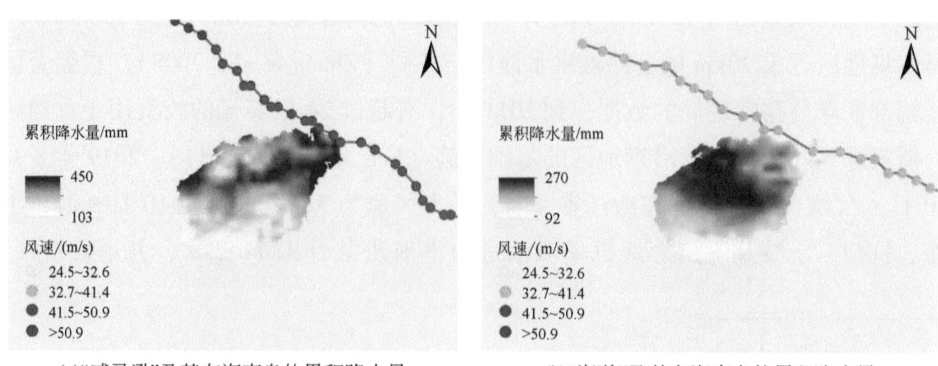

(a)“威马逊”及其在海南岛的累积降水量　(b)“海鸥”及其在海南岛的累积降水量

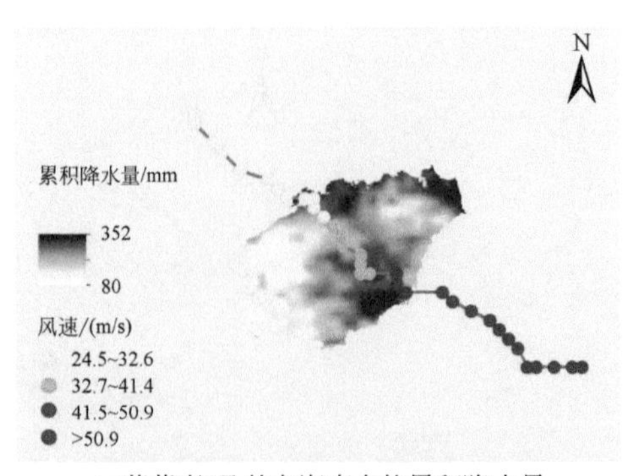

(c)莎莉嘉"及其在海南岛的累积降水量

图 3.1　三场热带气旋路径及其在海南省的累积降水量

和路基（7.3%）（图 3.2）。从修复成本来看，防护工程修复成本占比最高（68.7%），其次是路面（23.3%）和路基（6.3%）（图 3.2）。

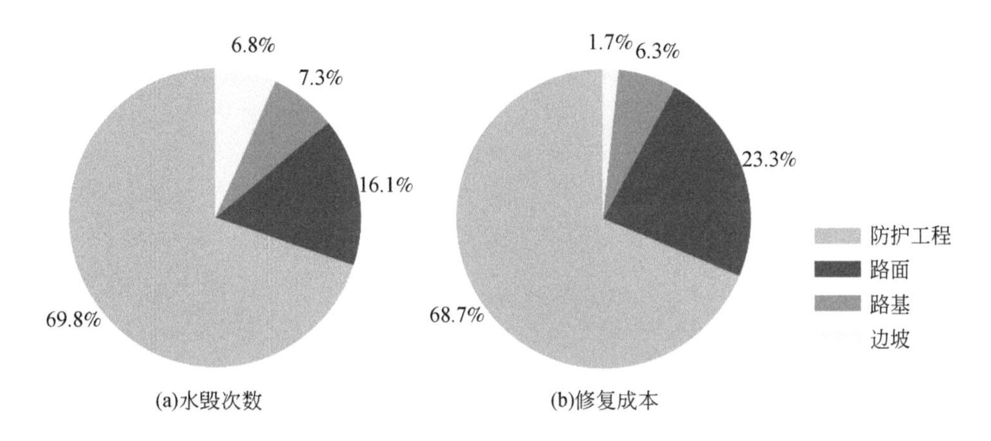

图 3.2　三场台风对海南省不同类型公路工程水毁占比

图 3.3 是根据水毁数据最终得到的三场热带气旋的水毁公路空间分布。对比图 3.1 的累计降雨分布可以看出，受损公路主要分布在强降雨地区。“威马逊”造成的公路损毁主要位于海南岛北部，“海鸥”造成的公路损毁主要分布在海南中北部，而“莎莉嘉”造成的公路损毁主要分布在东部。此外，从水毁公路类型类看，县道所占比例最高（40.3%），其次是省道（28.2%）、高速公路（21.2%）和国道（10.3%）。

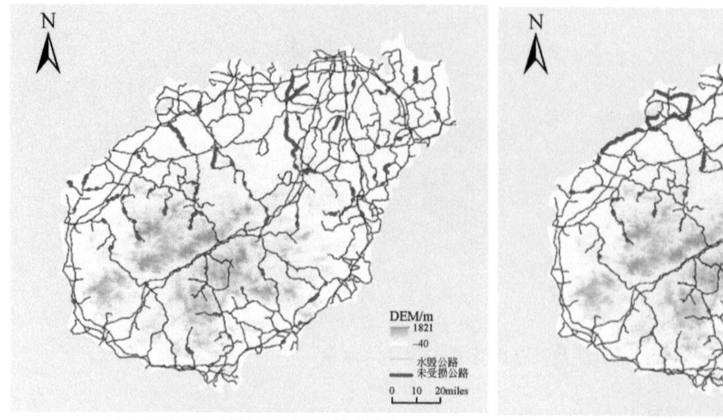

(a)"威马逊"对海南岛公路的损坏

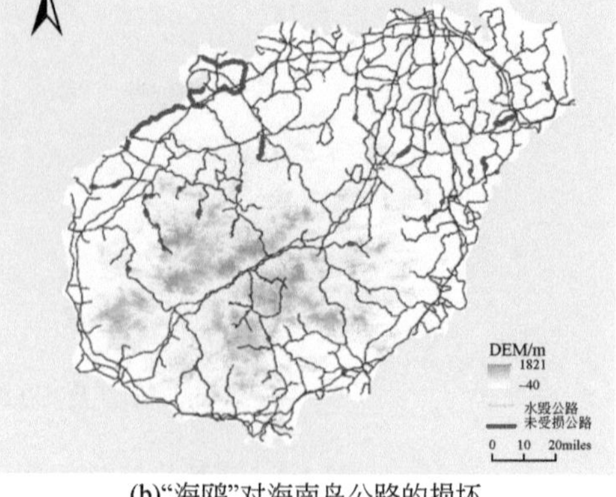

(b)"海鸥"对海南岛公路的损坏

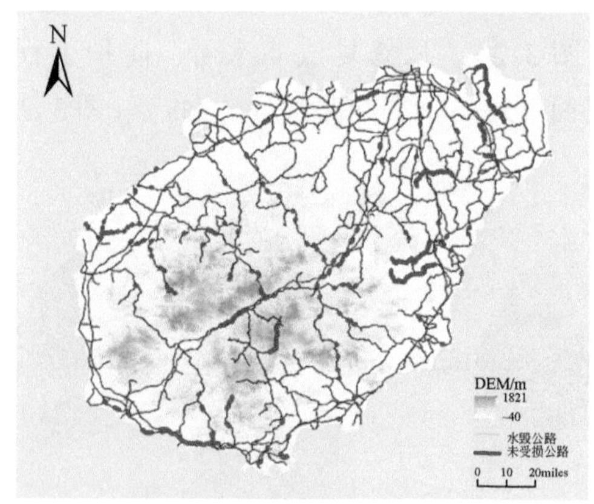

(c)"莎莉嘉"对海南岛公路的损坏

图 3.3　三场台风对海南省公路的损坏空间分布图

3.1.2　研究方法

基于历史公路损坏记录，根据所构建的基础设施网络物理脆弱性与恢复力评估关键指标，建立不同热带气旋强度下的公路破坏概率和脆弱性曲线。在此采用热带气旋过程的最大风速和累计降水量来表征热带气旋强度。将路段划分到 0.1°×0.1°的栅格单元，通过叠加热带气旋强度图，可以得到每个栅格单元的热带气旋强度，进而建立公路的易损性和脆弱性与热带气旋强度之间的关系。选择

Log-normal CDF 函数和 Logit 模型作为易损性/脆弱性函数，原因有两个：两种模型都是单调递增的，范围在 0 ~ 1；这两种模型在很多关于脆弱性曲线的研究中都得到了应用（Massarra et al.，2019；Gautam and Dong，2018；Reed et al.，2016；Charvet et al.，2014；Lallemant et al.，2015），表明两种模型能够很好地表示易损性/脆弱性函数。

选择 Log-normal CDF 函数来描述公路在单一热带气旋强度指数（即热带气旋过程最大风速或累积降水量）下的易损性/脆弱性：

$$F(x;\mu,\sigma)=\int_0^x \frac{1}{x\sigma\sqrt{2\pi}}\exp\left(-\frac{(\ln x-\mu)^2}{2\sigma^2}\right)\mathrm{d}x \tag{3.1}$$

式中，$F(x;\mu,\sigma)$ 为不同热带气旋强度下的公路易损性（破坏概率）或脆弱性（损失比或破坏长度比）；σ 和 μ 分别为离散参数和位置参数。

选择 Logit 模型来描述公路在风-雨联合作用下的脆弱性：

$$F(x_1,x_2;a,b,c)=\frac{\exp(a+b\times x_1+c\times x_2)}{1+\exp(a+b\times x_1+c\times x_2)} \tag{3.2}$$

式中，$F(x_1,x_2;a,b,c)$ 为不同热带气旋强度下公路的脆弱性程度；a 为截距；b 和 c 为系数。

风速模拟由于缺少高分辨率风速记录数据，根据热带气旋风场模型计算距离地面 10m 高空风速最大风速半径（RMW）(Georgiou，1986)，表示为

$$\mathrm{RMW}=-18\times\ln(\Delta p)+110.2 \tag{3.3}$$

$$\Delta p=1010-p \tag{3.4}$$

式中，Δp 为热带气旋中心与西北太平洋海面最低气压 p（取 1010hPa）之间的中心气压差。

最大梯度风速 Vgbatt（方伟华等，2013）表示热带气旋足够高处的最大风速（不考虑地面摩擦的影响）（Fang and Lin，2013），计算公式为

$$\mathrm{Vgbatt}=K\times\sqrt{\Delta p\times 0.7}-\frac{\mathrm{RMW}}{2}\times f \tag{3.5}$$

$$f=2\times 7.292\times 10^{-5}\times\sin(\mathrm{lat}) \tag{3.6}$$

式中，f 为科里奥利力参数；K 为经验参数，取值 6.72（Schwerdt，1972）；lat 为热带气旋中心的纬度。

海面上方 10m 处的最大风速 V_{10} 由式（3.7）所示经验关系式估算（Schwerdt，1972）。

$$V_{10}=0.865\times \mathrm{Vgbatt}+0.5\times V_t \tag{3.7}$$

式中，V_t为热带气旋移动速度。

如果该热带气旋已登陆，则陆地上方 10m 处的最大风速表示为

$$V_{10}=0.865\times(0.865\times \mathrm{Vgbatt}+0.5\times V_t) \tag{3.8}$$

最后根据风速衰减模型计算距离热带气旋中心 r 的地面上方 10m 处的风速$V_{10,r}$：

$$V_{10,r}=\begin{cases} V_{10}\times\left(\dfrac{r}{\mathrm{RMW}}\right), r\leqslant \mathrm{RMW} \\ V_{10}\times\left(\dfrac{\mathrm{RMW}}{r}\right)^{\infty}, r>\mathrm{RMW} \end{cases} \tag{3.9}$$

式中，∞ 为西北太平洋地区的经验常数，取历史数据平均值 0.6。

3.1.3 研究结果

1. 脆弱性模型

(1) 易损性模型

热带气旋过程公路的易损性曲线如图 3.4 ~ 图 3.6 所示，分别为过程累积降雨、过程最大风速及风雨联合作用下的公路破坏概率，拟合参数见表 3.1 及

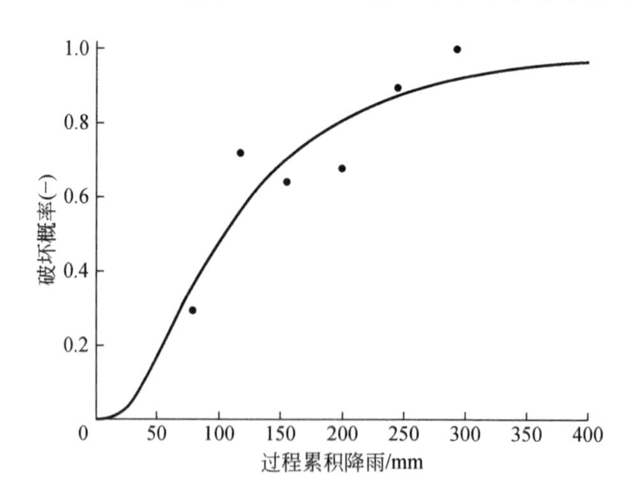

图 3.4 热带气旋过程公路易损性曲线（累积降雨–破坏概率）

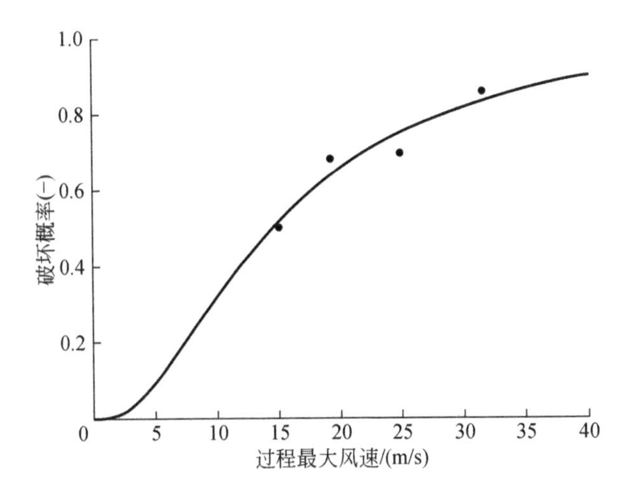

图 3.5　热带气旋过程公路易损性曲线（最大风速–破坏概率）

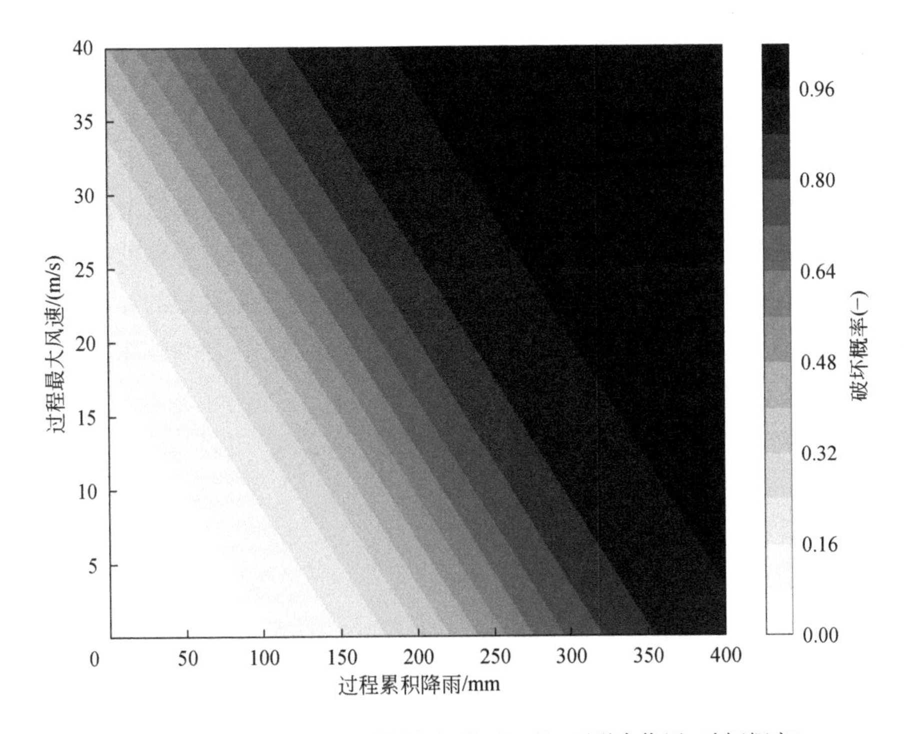

图 3.6　热带气旋过程公路易损性曲面（风–雨联合作用–破坏概率）

表 3.2。可以看到，公路易损性曲线可以很好地拟合观测数据，R^2 分别达到 0.85，0.91 和 0.96。随着热带气旋强度的增加，公路的破坏概率也在增加。根

据易损性曲线可以估计给定热带气旋强度下的公路破坏概率。例如，从图3.4和图3.5可以看出，当热带气旋期间累积降水量达到103mm或最大风速达到14m/s时，公路的破坏概率将达到0.5。而当累计降雨大于400mm或最大风速大于40m/s时，破坏概率分别达到0.97和0.90，说明在该致灾强度下，公路受损的可能性极大。

表3.1　热带气旋过程公路易损性曲线拟合参数

热带气旋强度指标	μ	σ	R^2
过程累积降雨	119.84	0.84	0.85
过程最大风速	14.54	0.80	0.91

表3.2　热带气旋过程公路易损性曲面估计参数

a	b	c	R^2
-4.41	0.018	0.11	0.96

注：a、b、c均为式（3.2）中的系数，下同。

（2）脆弱性模型

图3.7和图3.8分别展示了热带气旋过程累积降雨下的公路损失比和破坏长度比。图中点表示观察值，实线表示拟合的脆弱性曲线，拟合参数见表3.3和表3.4。省道与县道拟合曲线的R^2达到0.91，国道和高速拟合曲线的R^2相对偏低，为0.75。同时可以看到，随着累积降雨的增加，公路的损失比和破坏长度比均在

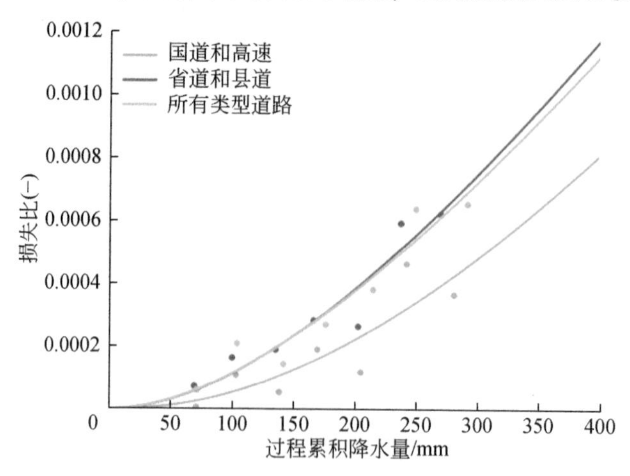

图3.7　热带气旋过程公路脆弱性曲线（累积降雨-损失比）

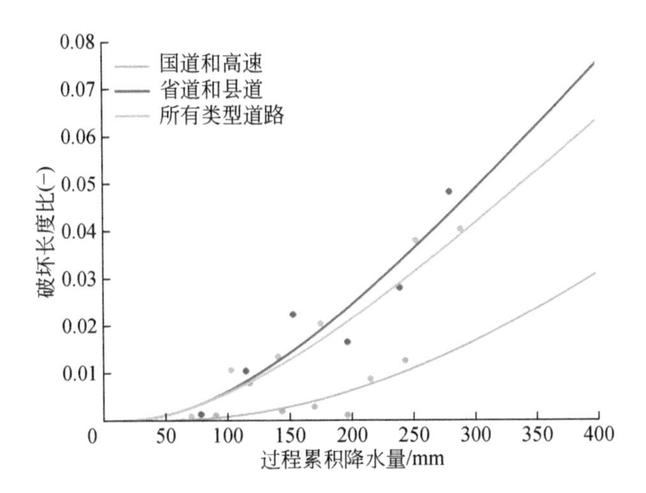

图 3.8　热带气旋过程公路脆弱性曲线（累积降雨-破坏长度比）

增加，且省道和县道比国道和高速公路更加脆弱，这与国道和高速公路有更高的建设标准（如排水能力）和更好的养护有关。当过程累积降水量达到 400mm 时，国道和高速公路的损失比和破坏长度比分别约为 0.0008 和 0.0006，而省道和县道的损失比和破坏长度比分别约为 0.001 35 和 0.076，是国道和省道的 1.7 和 12.7 倍。

表 3.3　热带气旋过程公路脆弱性曲线（累积降雨-损失比）拟合参数

公路类型	μ	σ	R^2
国道和高速	160 814.80	1.90	0.75
省道和县道	258 106.35	2.13	0.91
所有类型公路	316 634.55	2.18	0.92

表 3.4　热带气旋过程公路脆弱性曲线（累积降雨-破坏长度比）估计参数

公路类型	μ	σ	R^2
国道和高速	3132.65	1.10	0.43
省道和县道	2565.33	1.29	0.87
所有类型公路	3324.91	1.39	0.76

图3.9和图3.10分别展示了热带气旋过程最大风速下的公路损失比和破坏长度比，对应的估计参数见表3.5和表3.6。国道与高速公路拟合曲线的R^2达到0.9，而省道和县道拟合曲线的R^2仅为0.41。同样地，可以看到，省道和县道比国道和高速公路更脆弱。风速为30m/s时，国道和高速公路的损失比和破坏长度比分别约为0.000 19和0.0067，省道和县道的损失比和破坏长度比分别约为0.000 39和0.029，是国道和省道的2.1和4.3倍。

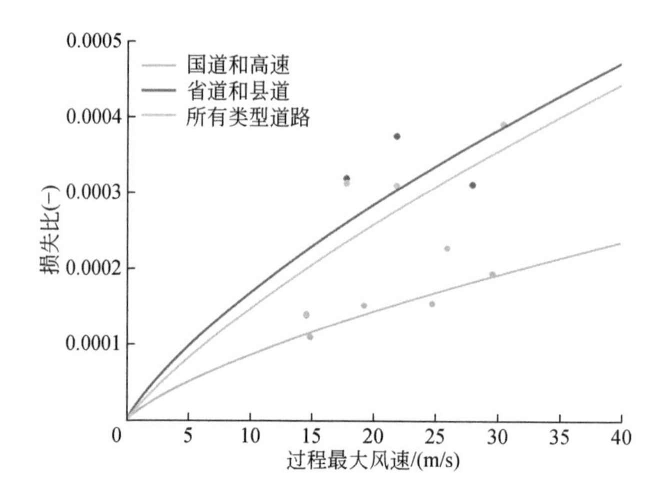

图3.9　热地气旋过程脆弱性曲线（最大风速-损失比）

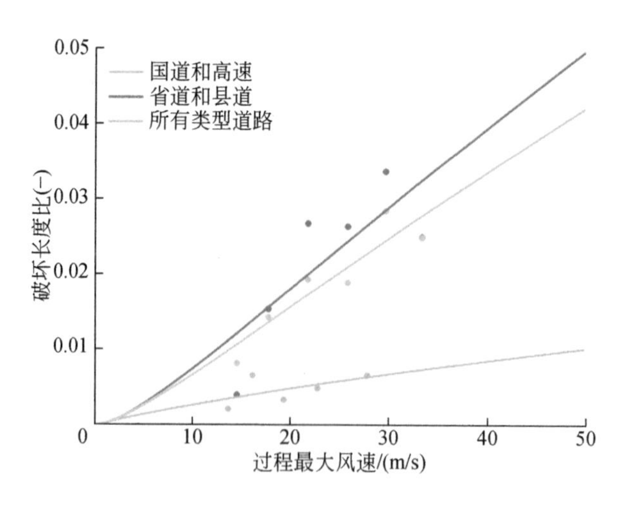

图3.10　热带气旋过程公路脆弱性曲线（最大风速-破坏长度比）

表 3.5　热带气旋过程公路脆弱性曲线（最大风速-损失比）估计参数

公路类型	μ	σ	R^2
国道和高速	5 404 104 802.83	5.35	0.90
省道和县道	556 300 853.78	4.97	0.41
所有类型公路	228 755 588.07	4.68	0.45

表 3.6　热带气旋过程公路脆弱性曲线（最大风速-破坏长度比）估计参数

公路类型	μ	σ	R^2
国道和高速	138 003.13	3.41	0.33
省道和县道	1 424.70	2.04	0.64
所有类型公路	2 014.42	2.14	0.86

进一步构建降雨和风联合作用下的公路脆弱性模型，图 3.11 和图 3.12 分别展示了热带气旋过程风-雨联合作用下的公路损失比和破坏长度比，拟合参数如

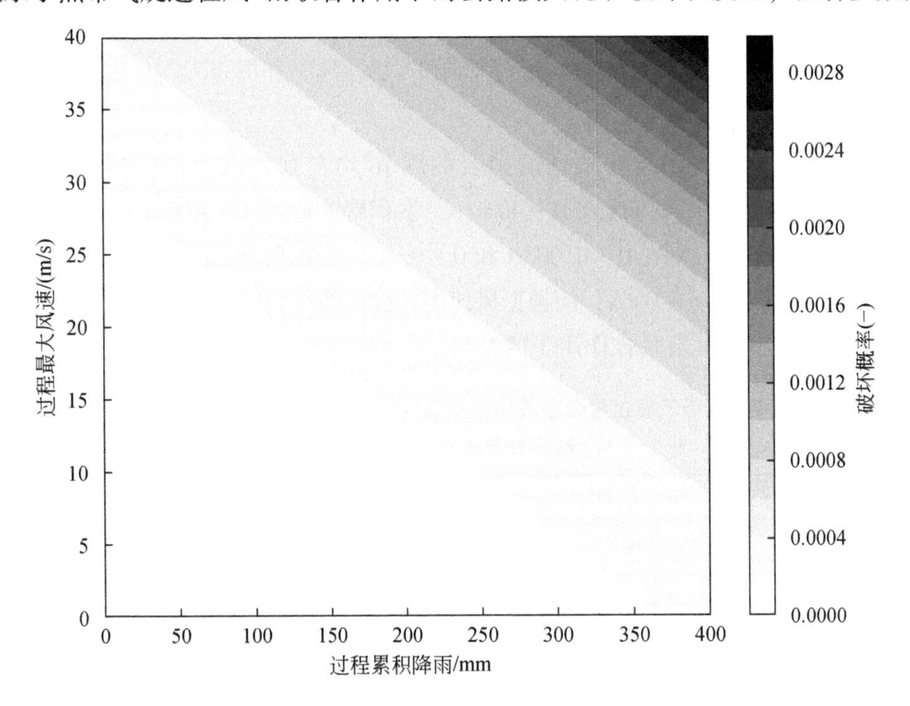

图 3.11　热带气旋过程公路脆弱性曲面（风-雨联合作用-损失比）

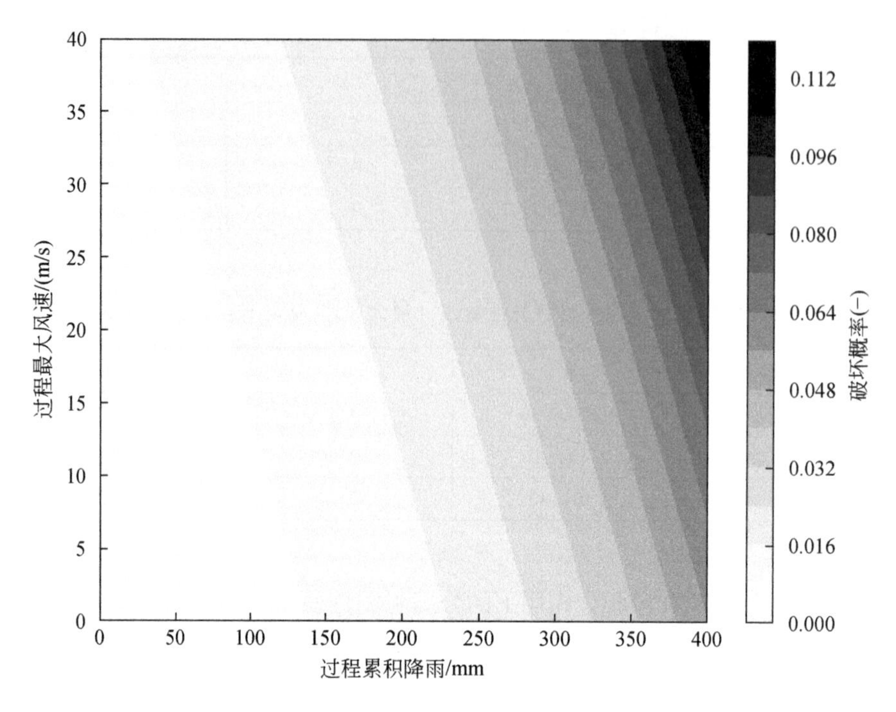

图 3.12　热带气旋过程公路脆弱性曲面（风–雨联合作用–破坏长度比）

表 3.7 所示。损失比和破坏长度的拟合曲线 R^2 均在 0.8 以上，从图 3.11 和图 3.12 可以发现，当最大风速在 0 ~ 40m/s，累积降水量在 0 ~ 400mm 时，公路损失比和破损长度比分别在 0 ~ 0.0030 和 0 ~ 0.12。根据降雨脆弱性曲线得到的范围是 0 ~ 0.0011 和 0 ~ 0.0063，而根据风速脆弱性曲线得到的范围是 0 ~ 0.000 44 和 0 ~ 0.042，远小于风雨联合作用下的结果。

表 3.7　热带气旋过程公路脆弱性曲面（风–雨联合作用下的损失比和破坏长度比）估计参数

脆弱性指标	a	b	c	R^2
损失比	−10.39	0.0051	0.064	0.82
破坏长度比	−5.88	0.0076	0.021	0.80

2. 模型验证

为了验证脆弱性模型的准确性，选取 2016 年的台风“电母”，以及 2009 年连续发生的台风“天鹅”“彩虹”“凯萨娜”“芭玛”作为案例，通过对比模型计算结果和历史真实损失，对模型准确性进行验证。

台风“电母”（图3.13）于2016年8月18日在广东省登陆，最大风速为28m/s。虽然“电母”没有在海南直接登陆，但给海南带来了极端降水，西北多地累积降水突破了历史极端值。台风“电母”造成海南全省公路水毁损失约5.8亿元，包括桥梁、涵洞、路面。但本研究中的脆弱性模型只考虑路面的直接经济损失，需要剔除桥梁涵洞。根据以往几场台风的统计，路面损失约占公路总损失的55%，所以粗略估计台风“电母”造成海南全省公路路面直接损失约3.2亿元，（根据新闻报道数据测算）。根据脆弱性模型和风雨数据，计算出海南全省公路路面直接损失约2.95亿元，和3.2亿元误差为7.8%。

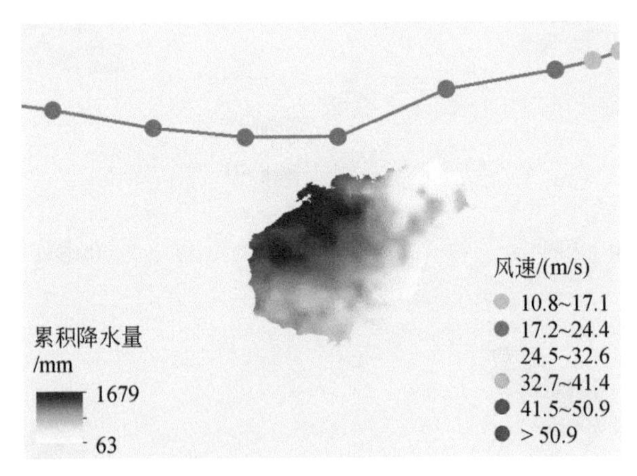

图3.13　台风“电母”路径和累积降水量（海南岛）

台风“天鹅”［图3.14（a）］于2009年8月5日在广东省台山市沿海登陆，登陆时最大风速为23米/秒[①]，随后环绕海南岛，并给海南西部带来持续强降雨。海南省7个市县受灾，共造成直接经济损失1.89亿元[②]。2009年11月2日，仅一个月后，台风“彩虹”［图3.14（b）］在海南文昌登陆，最大风速为20m/s[③]。

① 中央气象台：“天鹅”5日晨在广东台山沿海登陆. https://www.gov.cn/govweb/fwxx/sh/2009-08/05/content_1383780.htm.

② 台风“天鹅”对海南造成直接经济损失1.89亿元. http://news.cctv.com/china/20090810/100145.shtml.

③ 2009年第13号热带风暴“彩虹”11日登陆海南文昌. http://www.gov.cn/jrzg/2009-09/11/content_1415013.htm.

“彩虹”经过海南岛北部，给海南岛中部带来强降雨，共影响6个市县43个。同月，台风“凯萨娜”［图3.14（c）］于2009年9月29日在菲律宾登陆，登陆时风速为38m/s①，台风带来的强降雨再次影响了海南中部和南部13个市县。2009年10月，台风“芭玛”［图3.14（d）］给海南北部和西部带来大量降雨，造成全省15个市县灾害，直接经济损失2.4亿元。台风“天鹅”“彩虹”“凯萨娜”“芭玛”共造成损坏的道路长度达180km。基于所建立的脆弱性模型计算得到道路总损失约为190km。脆弱性模型表现良好，误差在5.6%左右。

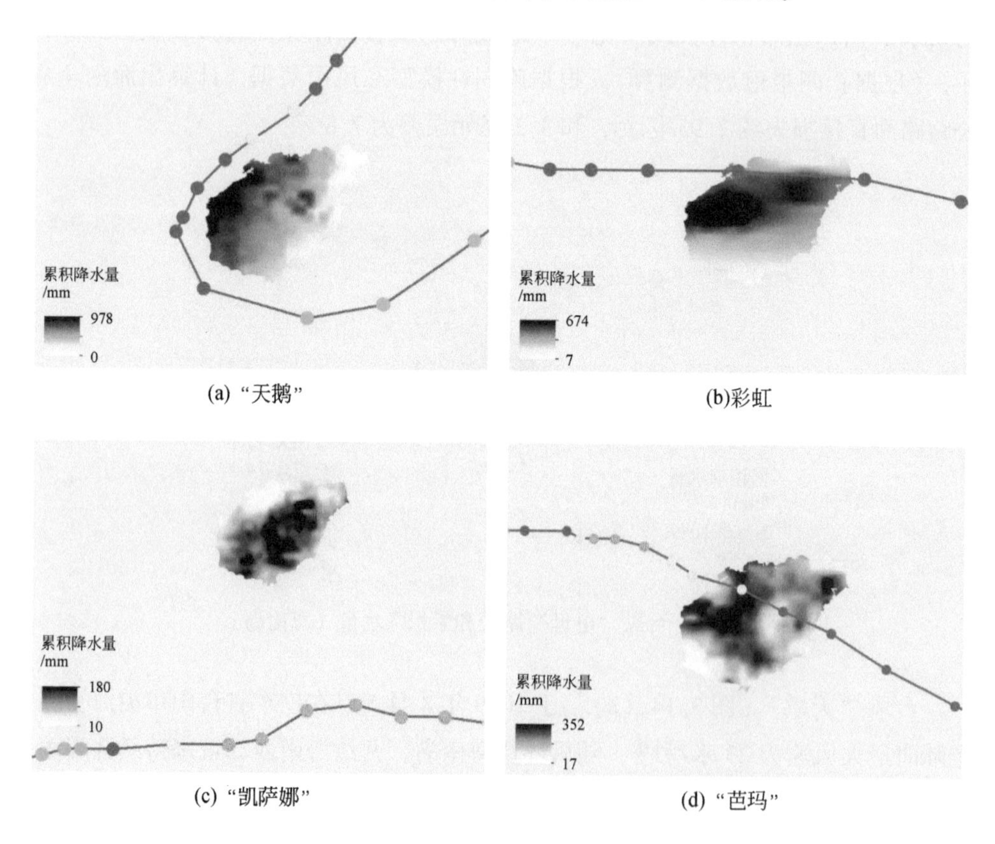

(a)“天鹅”
(b)彩虹
(c)“凯萨娜”
(d)“芭玛”

图3.14 热带气旋路径和累积降水量（海南岛）

① 中央气象台29日6时发布“凯萨娜”台风橙色警报. https://www.gov.cn/gzdt/2009-09/29/content_1429319.htm.

3.2 福建省强降雨-洪涝灾害公路网络脆弱性定量评估

公路在经济和社会发展中发挥着重要作用。强降雨灾害可能会直接或间接地破坏道路，造成中断，影响交通的正常运行。气候变化预测表明，未来极端降雨发生的强度和频率增大，对公路交通将会造成更多中断。

强降雨灾害发生时，可能会造成路基下沉、边坡塌方、涵洞倒塌、滑坡和泥石流等，进而引起道路网络的中断。例如，“7·21”北京特大暴雨事件中，平均降水量达190.3mm。强降雨造成北京市县级以上公路中断47条，路基损毁29.2万 m^3，路面损毁47.7万 m^2；累计经济损失超7.1亿元。强降雨造成的道路中断严重影响了交通的正常运行和人们的生活。因此，分析和评估强降雨灾害造成中断情况下公路的脆弱性很有必要。

本节旨在构建强降雨灾害下公路中断脆弱性模型，强降雨中断脆弱性模型阐述了降雨强度和中断概率之间的关系，这是风险分析和灾害间接经济损失评估的重要工具。所构建的脆弱性模型可以为强降雨公路中断脆弱性提供评估框架，更好地支撑公路部门的决策。

3.2.1 研究数据

获取福建省2016～2020年因强降雨灾害造成的道路中断数据记录（福建省交通运输厅提供），每条数据记录包括道路类型、中断日期、中断位置桩号、中断原因、恢复投入资源和恢复时间等。基于中断位置桩号，将中断点定位在地图上，图3.15（a）给出了2016～2020年强降雨灾害中断点和福建省道路分布，道路数据来自OpenStreetMap，包括国道和省道，总长10 268km。强降雨灾害造成的公路中断点分布广泛，主要集中在福建省海拔比较高的中部和北部地区。图3.15（b）为2016～2020年强降雨灾害中公路中断原因统计，主要包括边坡塌方、路面积水、路基下沉、滑坡、泥石流等，其中，边坡塌方占比最高（64.18%），其次为路面积水（19.40%）。

图3.16展示了2016～2020年5～7月福建省累积降水量和中断点分布，降雨数据来自GPM_ 3IMERGDL数据集，分辨率为0.1°×0.1°。累积降雨主要分布

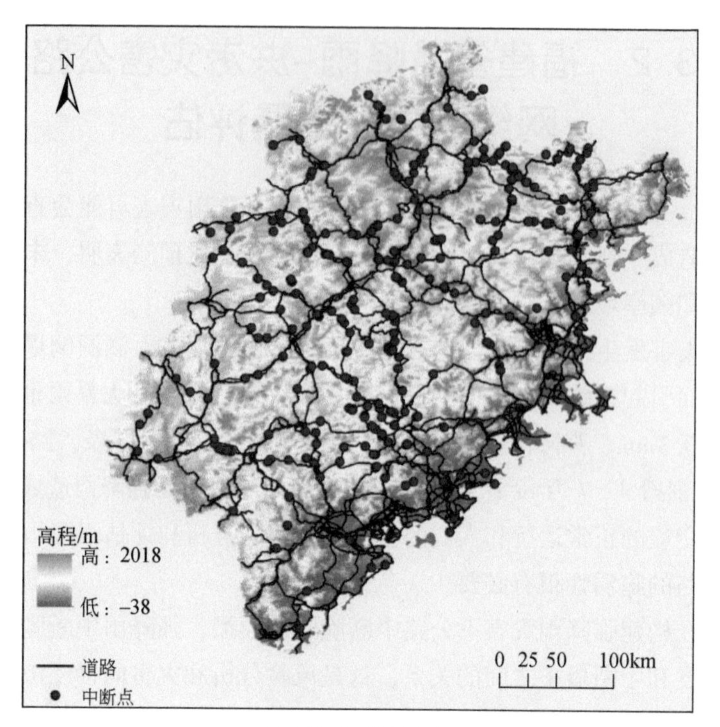

(a)中断点和道路分布

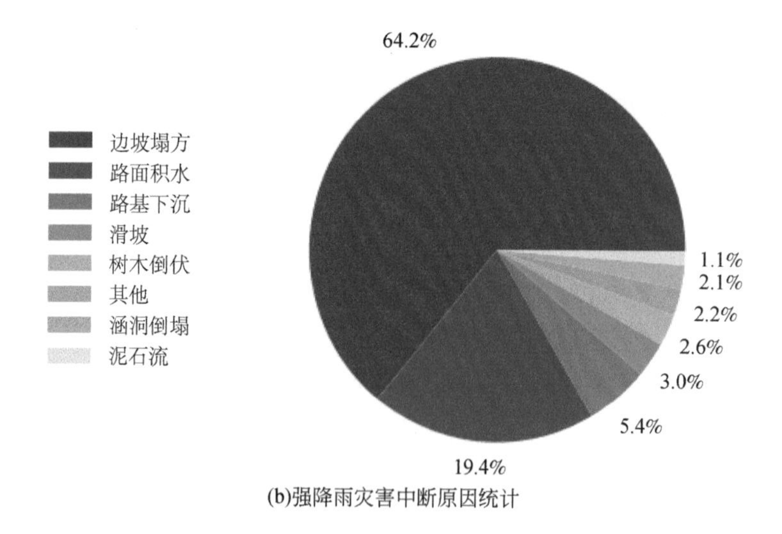

(b)强降雨灾害中断原因统计

图 3.15　2016～2020 年福建省强降雨-洪涝灾害统计

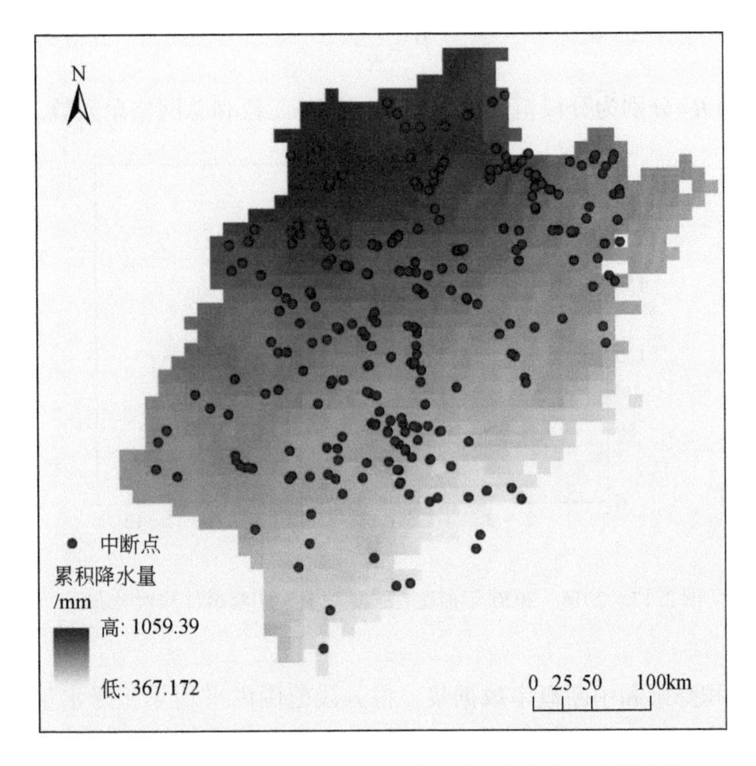

图 3.16　2016～2020 年 5～7 月福建省累积降水量和中断点分布

在福建省的北部地区，平均累积降水量达 750.33mm，可以看出，福建省强降雨灾害中断点集中分布在累积降水量较大的区域。

3.2.2　研究方法

将研究区国道和省道划分为 0.1°×0.1°网格单元；判断每一个网格单元是否发生中断，至少包含一个中断点的网格单元记为 1，无中断点的网格单元记为 0；逐个提取网格单元对应 5～7 月的累积降水量数据，得到基于网格单元的累积降水量和中断状态数据集；将该数据集依据 100mm 的累积降水量进行分段；进而建立强降雨灾害公路中断脆弱性函数。根据图 3.17 可以看出，5～7 月发生的强降雨灾害中断事件最多，占比 68.52%，因此选取 5～7 月的累积降水量作为致灾因子强度，中断概率作为公路脆弱性指标。中断概率 P_d 的计算方法为

$$P_d = \frac{R_d}{R_a} \tag{3.10}$$

式中，R_d 和 R_a 分别为分段范围内的中断网格单元数和总网格单元数。

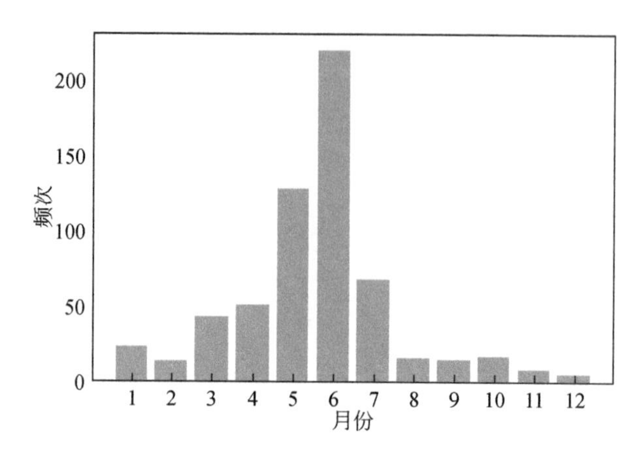

图 3.17　2016～2020 年福建省强降雨灾害中断事件频次分布图

基于累积降雨和中断概率数据集，将分段范围内平均累积降水量作为 x 轴，中断概率作为 y 轴，选取常用的线性函数构建累积降雨和中断概率之间的关系。基于拟合的函数，给出了 95% 的置信区间来表达函数拟合的不确定性。

3.2.3　研究结果

图 3.18 给出了福建省累积降雨与中断概率脆弱性曲线。散点为分段平均计算得到的累积降水量下的中断概率，实线是拟合的中断概率曲线，阴影部分为 95% 置信区间范围。可以看出，中断概率随着 5～7 月的累积降水量的增加而增加，模型拟合的参数见表 3.8。模型的 R^2 值为 0.87，模型拟合效果良好。降雨-中断概率模型用于评估给定累积降雨条件下公路的中断概率，例如，当累积降水量达到 800mm 时，公路的中断概率为 0.4。

表 3.8　脆弱性模型拟合参数

	表达式	R^2
5～7 月的累积降雨-中断概率	$y=0.0008p-0.2444$	0.87

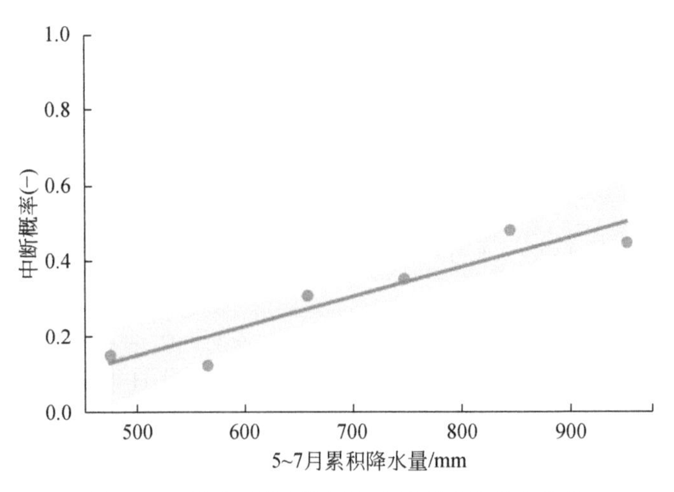

图 3.18　福建省累积降雨与中断概率脆弱性曲线

3.3　本章小结

本章分别针对台风大风–暴雨灾害链、强降雨–洪涝灾害链遭遇下的公路脆弱性进行了评估和案例分析。主要工作和结果如下：

（1）基于经验脆弱性分析方法，以及登陆海南省的台风造成的公路破坏数据和台风强度数据，探索了台风大风–暴雨灾害链作用下公路经验脆弱性分析过程，量化了台风强度和公路受影响程度之间的关系，得出了降雨脆弱性模型和大风脆弱性模型，并建立了台风大风–暴雨灾害链致灾耦合模型，据此得到了台风大风–暴雨灾害链下公路的脆弱性曲面；

（2）基于回归分析结果和脆弱性分析方法，根据福建省强降雨灾害造成的道路中断数据记录，分析了强降雨–洪涝灾害导致道路中断分布的时间特征和空间特征，构建了强降雨–洪涝灾害链下公路中断脆弱性模型，量化了累积降雨与中断概率之间的关系，并建立了强降雨–洪涝灾害链灾害作用的公路中断概率的评估方法。

3.4　参考文献

方伟华，林伟 . 2013. 面向灾害风险评估的台风风场模型研究综述 . 地理科学进展，32（6）：

852-867.

Charvet I, Suppasri A, Imamura F. 2014. Empirical fragility analysis of building damage caused by the 2011 Great East Japan tsunami in Ishinomaki city using ordinal regression, and influence of key geographical features. Stochastic Environmental Research and Risk Assessment, 28 (7): 1853-1867.

Fang W, Lin W. 2013. A review on typhoon wind field modeling for disaster risk assessment. Progress in Geography, 32 (6): 852-867.

Gautam D, Dong Y. 2018. Multi- hazard vulnerability of structures and lifelines due to the 2015 Gorkha earthquake and 2017 central Nepal flash flood. Journal of Building Engineering, 17: 196-201.

Georgiou P N. 1986. Design Wind Speeds In Tropical Cyclone-prone Regions. Ontario: The University of Western Ontario.

Huffman G J, Stocker E F, Bolvin D T, et al. 2019. GPM IMERG Final Precipitation L3 1 day 0. 1 degree x 0. 1 degree V06, Edited by Andrey Savtchenko, Greenbelt, MD, Goddard Earth Sciences Data and Information Services Center (GES DISC) .

Koks E E, Rozenberg J, Zorn C, et al. 2019. A global multi-hazard risk analysis of road and railway infrastructure assets. Nature Communications, 10 (1): 1-11.

Lallemant D, Kiremidjian A, Burton H. 2015. Statistical procedures for developing earthquake damage fragility curves. Earthquake Engineering & Structural Dynamics, 44 (9): 1373-1389.

Lee L J, Hall B. 2011. Louisiana's Recovery. Public Roads: A Journal of Highway Research and Development, 75 (1): 30-35.

Massarra C C, Friedland C J, Marx B D, et al. 2019. Predictive multi-hazard hurricane data-based fragility model for residential homes. Coastal Engineering, 151: 10-21.

Schwerdt R W. 1972. Revised Standard Project Hurricane Criteria for the Atlantic and Gulf Coasts of the United States. National Weather Service, Silver Spring, Memorandum HUR.

Reed D A, Friedland C J, Wang S, et al. 2016. Multi-hazard system-level logit fragility functions. Engineering Structures, 122: 14-23.

Ying M, Zhang W, Yu H, et al. 2014. An overview of the China meteorological administration tropical cyclone database. Journal of Atmospheric and Oceanic Technology, 31 (2): 287-301.

Zhang Z, Wu Z, Martinez M, et al. 2008. Pavement structures damage caused by Hurricane Katrina flooding. Journal of Geotechnical and Geoenvironmental Engineering, 134 (5): 633-643.

第4章 多灾种重大自然灾害社会经济脆弱性评估

本章分别以海南省为例，开展台风大风-暴雨耦合下受灾人口脆弱性定量评估；以汶川地震为例，开展地震-滑坡灾害链直接经济损失脆弱性定量评估；以贵州毕节和六盘水两市为例，开展暴雨-滑坡灾害链直接经济损失脆弱性定量评估；以陕西延安和榆林两市为例，开展旱涝急转生态环境脆弱性定量评估。

4.1 海南省台风大风-暴雨受灾人口脆弱性定量评估

台风通常会产生持续的强风、风暴潮和强降雨，造成巨大的财产损失和人员伤亡，并对沿海地区的韧性结构构成威胁，成为全球最致命的气象灾害之一（Bakkensen and Mendelsohn，2019）。据统计，全球约40%的人口居住在距离海岸100km以内的地区（Cicin-Sain，2015）。强台风及其相关次生灾害（大风、暴雨和风暴潮）严重威胁着这些高度城市化的沿海城市（Melvin et al.，2017）。此外，由于气候变化的影响，海平面温度升高，台风强度大幅增加（Knutson et al.，2020）。台风自身的转变也可能在更大程度上加剧风险（Frame et al.，2020）。在台风灾害风险评估中，必须综合考虑大风、暴雨的联合作用。脆弱性评估是风险评估中的关键一环，在大风、暴雨多致灾因子联合脆弱性评估中，通常基于历史损失数据中的多致灾因子与损失数据对，通过多维拟合，构建多灾种脆弱性曲线。然而，这种做法通常只考虑致灾因子对损失的影响，而缺乏对孕灾环境、承灾体和设防能力的影响。为此，本小节以海南省为例，采用广义加性模型拟构建了台风大风-暴雨受灾人口脆弱性评估模型。

4.1.1 研究区概况

海南省是中国最南端的省级行政区，陆地总面积35 000km²。包括4个地级市（海口、三亚、儋州、三沙），5个县级市（五指山、文昌、琼海、万宁、东方），10个县（定安、屯昌、澄迈、临高、白沙、昌江、乐东、陵水、保亭、琼中）。以海南岛为研究对象，不包括三沙及其附属岛屿。该地区仅占中国国土面积的3.75‰，但在2019年占全国人口的7.1‰，占全国GDP的5.36‰（海南省统计局，2020）。海南是我国受台风影响较严重的典型省份。据海南省气象局统计1949~2017年平均每年有6.6个台风影响海南，年均直接经济损失达22.6亿元（中国气象局，2018）。随着人口和经济的增长，海南省受台风影响的人口和直接经济损失（2015年水平）均呈上升趋势（中华人民共和国民政部，2018）（图4.1）。

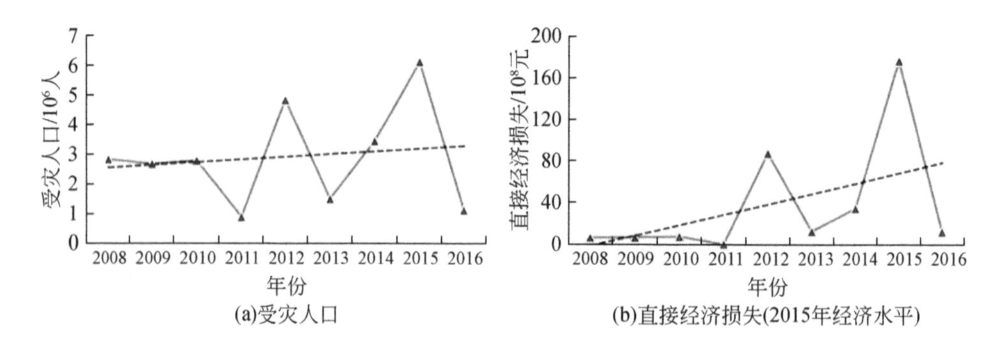

图4.1　2008~2016年海南省自然灾害损失

4.1.2 研究数据与预处理

1. 研究数据

本部分使用了四类数据：18个站点的气象数据、损失数据、社会经济数据、环境数据（表4.1）。

表 4.1 海南省大风–暴雨受灾人口脆弱性评估数据

数据类型	具体指标	数据范围	数据来源
气象数据	降雨、风速等	1983 ~ 2016 年	海南省气象局
损失数据	受灾人口等	1983 ~ 2016 年	中国民政部，2018；中国气象局，2018
社会经济数据	国内生产总值，总人口	1983 ~ 2016 年	海南省统计局
环境数据	海拔	2018 年	航天飞机雷达地形测绘计划（SRTM）90m 数字高程模型（DEM）数据集

2. 指标选择

根据灾害风险的定义（UNDRR，2017），在此考虑了致灾因子、孕灾环境、暴露度和设防能力四个方面来评估台风的受灾人口风险，大风–暴雨遭遇受灾人口脆弱性评估指标框架如图 4.2 所示。

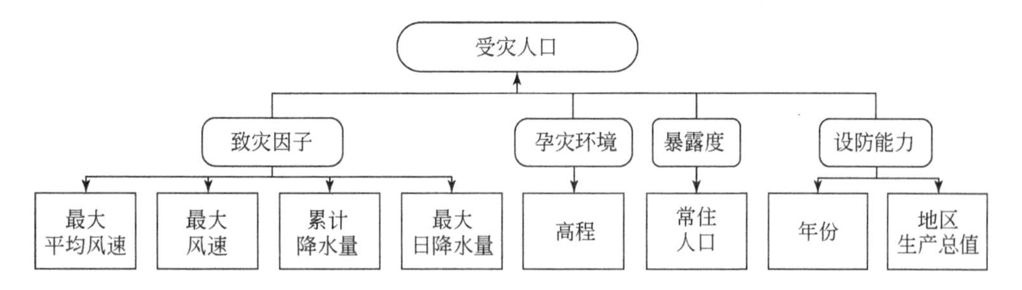

图 4.2 大风–暴雨遭遇受灾人口脆弱性评估指标框架

为排除不同市（县）人口密度的影响，采用受灾人口率（affect population rate，APR）作为损失评价指标，受灾人口率用受灾人口除以当年市（县）总人口计算。风速是描述台风强度最常用的指标，降雨也被证明是造成重大损失的关键因素。因此，提取了最大平均风速（maximum average wind speed，MAW）、最大风速（maximum wind speed，MW）、最大日降水量（maximum daily rainfall，MR）和累积降水量（cumulative，rainfall，CR）作为台风灾害的强度指标。高程（elevation，ELE）用于表示区域地理环境的差异。总人口（population，POP）被选为暴露度指标。一般而言，地区生产总值（GDP）较高的地区与 GDP 较低的地区相比具有更高的设防能力。其他要素（如政策、应急计划、技术）可能难以附加和评估，但对于灾害风险评估而言却是必不可少的。这些因素都很复杂且难以预测，但会随着时间变化而变化。因此，选择时间趋势（t）和 GDP 作为控制变量。海南省各地区详细指标数据见表 4.2。

表 4.2 海南省各地区大风-暴雨遭遇受灾人口脆弱性评估指标情况

地区	多年平均最大风速/（m/s）	多年平均日降水量/mm	2018 年 GDP/万元	2018 年常住人口数/万人	平均高程/m
白沙	5.3122	4.0406	50.2171	17.34	385.86
保亭	5.8910	4.3951	48.6325	15.28	308.43
昌江	4.7599	4.8705	125.4104	23.35	266.74
澄迈	5.1199	4.4737	299.5512	49.44	81.19
儋州	5.1962	4.3277	566.3003	99.84	105.11
定安	5.4524	4.5438	98.5097	29.76	96.08
东方	2.7412	7.8463	177.9072	42.97	160.50
海口	4.7578	5.0558	1510.513	230.23	41.68
乐东	4.3927	4.2150	126.9743	48.27	286.46
临高	4.1514	5.3220	180.4152	45.1	65.04
陵水	4.7890	5.3709	159.1571	33.39	185.09
琼海	5.6622	4.7702	264.098	51.57	68.67
琼中	6.4495	4.1607	49.4949	18.02	385.55
三亚	4.1463	5.3293	595.5057	77.39	185.23
屯昌	5.7254	4.3019	77.3979	26.85	158.84
万宁	5.9067	4.6889	224.3268	57.86	116.07
文昌	5.3760	4.3082	231.1391	56.89	27.42
五指山	5.1285	4.6822	29.0509	10.71	621.69

3. GDP 标准化处理

为了剔除时间趋势对 GDP 的影响，在此采用世界银行发布的以 2015 年为基年的 GDP 平减指数数据，对 GDP 进行归一化处理。

$$\mathrm{GDP}_{ny} = \mathrm{GDP}_{ay} \times I_y \tag{4.1}$$

$$I_y = \frac{1}{\mathrm{GDP}_{\mathrm{deflator}} \times 0.01} \tag{4.2}$$

式中，y为灾害发生年份；GDP_{ny}为归一化后的可比GDP，单位为亿元；$GDP_{deflator}$为GDP平减指数，又称GDP缩减指数，是指没有剔除物价变动前的GDP增长与剔除了特价变动后的GDP增长之商；GDP_{ay}为灾害发生当年的实际GDP，单位为亿元；I_y为通货膨胀因子。各年份详细GDP减平指数与通货膨胀因子见表4.3。

表4.3 GDP减平指数与通货膨胀因子

年份	GDP减平指数	通货膨胀因子
2013	99.1528	1.0085
2014	99.9373	1.0006
2015	100.0000	1.0000
2016	101.0728	0.9894
2017	104.9986	0.9524

4.1.3 脆弱性模型

广义加性模型（generalized additive models，GAM）是广义线性模型（generalized linear model，GLM）的非参数扩展，使用平滑项而不是GLM中使用的线性项（Wood，2017）。该模型基于实际分布，不假设数据分布。与GLM相比，GAM放宽了对模型线性条件的要求，可以适用于任意分布的数据，可以合理地找到解释变量和响应变量之间的非单调非线性关系。鉴于对非线性关系的共识和本节的预测目标，GAM用于量化APR、台风灾害强度和其他控制变量之间的关系。GAM的基本形式如式（4.3）所示（Hastie，2017）。

$$g(E(Y))=\beta_0+f_1(x_1)+f_2(x_2)+\cdots+f_m(x_m) \tag{4.3}$$

式中，β_0为可加成分；g（）为的预测变量E（Y）与解释变量x_m联的链接函数；函数f_m可以是具有指定参数形式的光滑函数（如多项式或非惩罚回归样条）。

考虑了两组解释变量来预测APR：①台风致灾因子（CR、MR、MW和MAW），②控制变量（POP、ELE、t和GDP）。

4.1.4 研究结果

台风灾害脆弱性模型响应曲线如图4.3所示。结果表明，模型最终选择了八个解释变量中的五个，包括 MW、MR、ELE、POP 和 t，排除了其他三个解释变量。结果还表明，贡献性最大的解释变量是 MW，而 t 的贡献最小。图 4.3 中蓝色实线是基于测试数据的预测函数，灰色阴影是由正负两个标准误差表示的范围，沿 x 轴的细线是“rug”，表示样本点的位置。脆弱性模型如式（4.4）所示，最终结果的解释偏差和 AIC 分别为 33.8% 和 -275.478。

$$APR \sim s(MR,1)+s(MW,4.636)+s(POP,1)+s(ELE,2.345)+s(t,1) \quad (4.4)$$

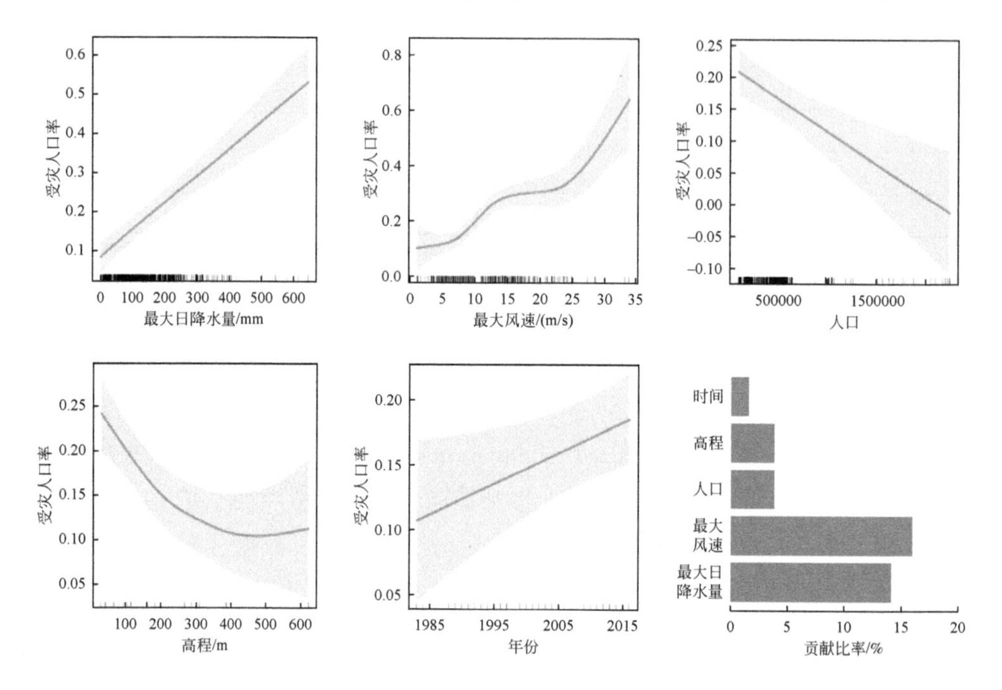

图 4.3　台风灾害脆弱性模型响应曲线

研究结果提供了确凿的证据，证明台风的致灾因子、暴露度和防御能力对 APR 有显著影响。MR、MW 和 t 对受灾人口率有正向贡献，而 ELE 和 POP 对 APR 有负向贡献。POP 对 APR 有负向贡献，直接原因是 APR 等于受灾人口除以 POP。当人口增长时，APR 肯定会减少。另一个原因可能是，人口众多的城市往往更重视基础设施建设，使得在相同强度的灾害下，APR 更小。ELE 与 APR 负相关的原因与地形密切相关。居民大多集中在海拔较低的沿海地区，这种地区极易受到台风的影响。因此，沿海地区受灾人口相对较多。从 t 与 APR 的线性关系可以看出，随着年份的变化，即使城市的防御能力有所提高，海南省各县市的

APR 仍呈上升趋势。

4.2 汶川地震-滑坡灾害链脆弱性定量评估

4.2.1 研究区概况

汶川 8.0 级地震发生后，美国地质调查局（United States Geological Survey, USGS）所发布的汶川地震峰值加速度（PGA）图的涵盖区域为研究区。该区域涉及四川、陕西、重庆、甘肃四个省份（直辖市），总面积为324 434km^2。研究区地形涵盖盆地与山区，海拔范围从 80m 到 6448m，位于龙门山断裂带附近，是世界上最活跃的地震带之一，青藏高原与四川盆地之间的相互作用在这形成了复杂的地质地貌特征。仅 2019 年，四川省三级以上地震共发生 145 次，地震活动极为频繁。

4.2.2 研究数据

1. 地震-滑坡编录

一个完备、可靠的地震-滑坡分布编录图是研究地震-滑坡空间分布规律、地震-滑坡危险性定量评估的基本条件和重要基础。选择一个尽可能覆盖地震影响区域、尽量能包含所有大小滑坡、描绘出滑坡边界或明确各滑坡面积的同震滑坡编录尤为重要。汶川地震滑坡灾害是迄今为止记录到的单次地震产生的分布最密集、数量最多、面积最广的滑坡事件（许冲等，2010）。

汶川地震-滑坡编录数据从 USGS 的公开科学数据集中获取。所用地震-滑坡数据，共包含 197 481 个同震滑坡矢量多边形，是目前汶川地震-滑坡数量最多、最为详细完备的编录成果，编录的同震滑坡总面积约为 1160km^2。

2. 地震-滑坡影响因素

同震滑坡是地震触发因子与孕灾环境中多种影响因素综合作用的结果。地震-滑坡灾害链在空间上发生的概率，除了受地震峰值加速度（PGA）这个触发因子影响以外，还受到地形地貌、地质水文、人类活动等要素的综合作用。根据以往研究及区域特征，此处选取13个地震-滑坡影响因子，包括地震峰值加速度（PGA）、数字高程模型（digital elevation model，DEM）、坡向、曲率、平面曲率、剖面曲率、坡度、断层、地层岩性、土地覆盖、归一化植被指数（normalized differential vegetation index，NDVI）、河流、道路。其中坡度、坡向、曲率、平面曲率、剖面曲率等均由DEM计算得出。部分研究数据分辨率和数据来源详见表4.4。

表4.4　地震-滑坡灾害链经济损失脆弱性评估研究数据

数据	数据形式	分辨率	年份	来源
汶川地震-滑坡编录	矢量多边形	—	2008	Xu et al., 2014
汶川地震PGA	矢量多边形	—	2008	USGS
DEM	栅格	250×250m	2011	中国科学院资源数据平台
土地覆盖	栅格	30×30m	2010	Global30
河流	栅格	1∶100万	2010	国家基础地理信息中心
道路	栅格	1∶100万	2017	OpenStreetMap
地层岩性	栅格	1∶300万	2012	USGS
NDVI	栅格	250×250m	2005	中国科学院资源数据平台
断层	栅格	1∶150万	2019	全球地震模型组织（GEM）
灾情损失数据	—	县域	2008	政府灾后统计
GDP/人均GDP	—	县域	2007/2019	四川省统计年鉴

4.2.3　地震-滑坡灾害链区域直接经济损失脆弱性模型

1. 概念框架与数据基础

在灾害学研究领域，脆弱性分析是灾害风险评估中的基本环节，脆弱性一般是指承灾体遭遇一定强度的致灾因子时可能的损失程度。脆弱性是承灾体针对致灾因子并由其内部因素影响的性质，不同的承灾体面对不同程度的致灾因子时其脆弱性会有较大差异。

定量的脆弱性建模不仅仅需要致灾因子强度指标，还需要反映承灾体本身内部脆弱性的综合指标。在灾害链情景下，对于区域性承灾体，灾害链触发致灾因子和被触发的二次灾害都对使承灾体造成了损失，因此脆弱性模型明显是一个多元函数。本研究希望尝试不同类型的方法（随机森林回归、趋势面分析法），构建县级单元尺度直接经济损失脆弱性模型，模型形式可表示为直接经济损失与区域地震强度、滑坡强度和其他影响因素的函数关系，有

$$L=f(H_{pga},\mathrm{LA}_c,V_1,V_2,\cdots V_i) \tag{4.5}$$

式中，L 为直接经济损失；H_{pga}为县区平均地震动峰值加速度（PGA）指数；LA_c为滑坡面积；V_1，V_2，…，V_i为其他脆弱性指标；f 为模型拟合关系。

本节的脆弱性模型都是以县区作为基本研究单元，因此脆弱性建模所需要的数据都基于县区尺度。公式中，县区面积加权平均 PGA 指数 H_{pga}由 PGA 图层面积加权计算得出，计算公式为

$$H_{pga} = \sum (I_{pga} \times S_i/S) \tag{4.6}$$

式中，I_{pga}为 PGA 指数；S_i/S 为某 PGA 指数占行政区划单元的面积比。

脆弱性模型的数据基于汶川地震–滑坡灾害事件。根据地震–滑坡编录数据库统计，涉及滑坡灾害的共 38 个县区。因而脆弱性模型数据集共包含 38 个样本，每个样本五个指标，指标类别、指标名称、指标解释见表 4.5。模型预测变量为县区灾后直接经济损失，县区滑坡面积数据来自实际滑坡面积统计。其他体现社会经济暴露度与发展水平的 GDP 和人均 GDP 指标来自地方统计年鉴。县区直接经济损失数据来自地方政府官方网站和新闻发布会。

表 4.5　区域经济脆弱性模型变量

指标类别	指标名称	指标解释
致灾因子指标	平均 PGA 指数	县区单元面积加权平均 PGA 指数
	滑坡面积	县区单元滑坡强度指标，来源于地震–滑坡编录统计
社会经济指标	GDP 人均 GDP	表征暴露量和经济发展水平
损失数据	直接经济损失	来源于灾后官方统计

本节的目标是建立县区单元的区域经济脆弱性评估模型，通过选取影响区域经济的致灾因子、经济暴露因素和经济发展因素，利用趋势面分析与随机森林模

型拟合解释变量与因变量的关系，分析各解释变量对灾害链直接经济损失的影响。

2. 地震–滑坡灾害链脆弱性分析方法

选取合适的拟合模型对于脆弱性定量评估非常重要。模型方法既应考虑到灾害系统复杂的非线性关系，又要防止模型过拟合和复杂化，这通常需要对模型准确性和可解释性做出权衡。

常用的脆弱性模型的拟合方法参考机器学习方法的分类，通常可分为两类：一类是可解释模型，又称为“白盒模型”（white-box），这类模型基于模式、公式或决策树，模型较为简单，在实际应用中更容易理解和解释，工作流程和系统变化较为透明，但模型提供的预测能力通常是有限的，且无法对数据集内在复杂性进行识别（如特征交互），如线性模型、决策树等；另一类是“黑箱模型”（black-box），“黑箱”属于主要用于标识所有从数学角度难以解释和理解的机器学习模型。例如，神经网络、随机森林等复杂集成模型，这类模型的内部工作机制、不同特征的相互作用难以理解和解释，但模型可提供较高的预测准确性。本节将分别采用两类模型进行地震–滑坡灾害链脆弱性分析：趋势面分析法和随机森林回归算法。

（1）趋势面分析法

趋势面分析是利用数学曲面模拟地理系统要素在空间上的分布以及变化趋势的一种数学方法（徐建华，2006）。趋势面方法实质上是基于最小二乘法拟合一个二维的非线性回归函数。通常用于模拟资源、环境、人口和经济要素在空间上的分布规律。趋势面作为一个二维曲面，反映宏观的地理要素分布规律，消除局部随机因素的影响，展现地理要素的空间分布规律。

用于计算趋势面的数学方程式有多项式函数和傅里叶级数，多项式的阶数影响着趋势面的起伏程度，次数越高，曲面波动越大。一阶多项式是一个线性的空间平面，显然不符合实际应用。考虑实际的区域经济脆弱性曲面，当致灾因子作为自变量时都应呈单调递增趋势，模型不应该为高阶多项式方程。

因此以二阶多项式方程对趋势面进行拟合建模，其基本形式为

$$l(x,y)=A_0+A_1x+A_2y+A_3x^2+A_4xy+A_5y^2 \tag{4.7}$$

式中，x 和 y 分别为 PGA 指数 H_{pga} 和滑坡面积 LA_c；$A_0 \sim A_5$ 为趋势面参数；l 为趋势面的拟合方程。求解趋势面的具体表达式，需要对多项式的系数进行参数

估计。

（2）随机森林回归算法

随机森林算法作为一种集成学习算法，除分类外，还可用于回归任务。随机森林的非线性特征可以使其比线性算法更具优势，使其成为一个不错的选择。集成学习的大致思路是训练多个决策树，也称为弱模型。在训练阶段，随机森林使用 Bootstrap 采样从训练数据集中采集多个不同的子训练集来依次训练多个不同的决策树。在预测阶段，随机森林将内部多个决策树的预测结果取平均值得到最终的结果。

训练好的随机森林的预测能力是由内部所有二叉决策树的预测结果平均值得到的。二叉决策树的预测过程主要分为以下步骤：

1）针对某一输入样本，从二叉决策树的根节点起，判断当前节点是否为叶子节点，如果是则返回叶子节点的预测值（即当前叶子中样本目标变量的平均值），如果不是则进入下一步；

2）根据当前节点的切分变量的和切分值，将样本中对应变量的值与节点的切分值对比。如果样本变量值小于或等于当前节点切分值，则访问当前节点的左子节点；如果样本变量值大于当前节点切分值，则访问当前节点的右子节点；

3）循环步骤 2），直到访问到叶子节点，并返回叶子节点的预测值。

计算变量重要性依旧是随机森林算法的重要优势，特征的重要性表示特征对预测结果影响程度，某一特征重要性越大，表明该特征对预测结果的影响越大，重要性越小，表明该特征对预测结果越小。随机森林模型中某一特征的重要性，是该特征在内部所有决策树重要性的平均值。

随机森林的优缺点也比较明显，随机森林的优点是在机器学习领域，随机森林回归算法比其他常见且流行的算法更适合回归问题，其主要特点有：首先，要素和标签之间存在非线性或复杂关系，对训练集中噪声不敏感，更利于得到一个稳健的模型。其次，随机森林算法比单个决策树更稳健。因为它使用一组不相关的决策树，易于避免产生过拟合的模型。最后，随机森林的主要缺点在于其复杂性，由于需要将大量决策树连接在一起，它们需要更多的计算资源。并且由于其复杂性，与其他同类算法相比，它们需要更多的时间进行训练。

4.2.4 地震-滑坡灾害链直接经济损失脆弱性评估结果与检验

1. 趋势面模型

运用最小二乘原理，根据观测样本数据值，估计趋势面参数，求解趋势面模型。参数拟合的结果如表 4.6 所示。

表 4.6 二次趋势面模型参数拟合值

参数名	A_0	A_1	A_2	A_3	A_4	A_5
估计值	-7.316	178.2	0.5058	71.31	-0.2773	0

根据式（4.7）和表 4.6 中的模型参数值，绘制出基于趋势面模型的地震-滑坡灾害链脆弱性曲面，如图 4.4 所示。趋势面模型采用致灾因子两个变量，图 4.4 中两个底轴分别表示灾害链的两个致灾因子强度变量——PGA 和滑坡面积，纵轴是直接经济损失。曲面颜色越蓝的区域代表直接经济损失越小，颜色越红的区域表示损失越大。从图中可以直观地看出，随着 PGA 和滑坡面积的增大，承灾体的损失也增大。图 4.4 中蓝色的点为模型拟合的样本数据点，可以观察到数据点大都在曲面附近上下波动，模型拟合度较高。

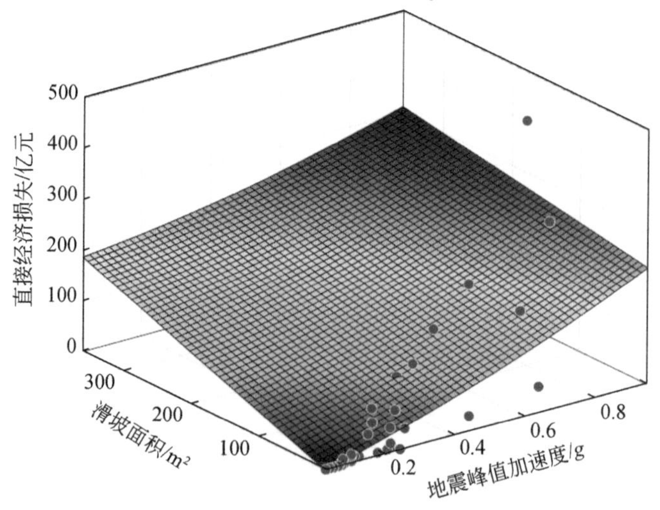

图 4.4 基于趋势面模型的地震-滑坡灾害链脆弱性曲面

模型拟合的效果需要通过趋势面模型适度检验来判断。趋势面的适度性检验是决定趋势面分析是否可靠和具备应用价值的基本评价标准，常规方式是利用 R^2、均方根误差（root mean square error，RMSE）和平均绝对误差（mean absolute error，MAE）及残差分析作为度量标准。R^2、RMSE 和 MAE 的计算公式为

$$R^2 = 1 - \frac{\mathrm{SSD}}{\mathrm{SSD}+\mathrm{SSR}} \tag{4.8}$$

式中，SSD 为残差平方和，SSR 为回归平方和，SSD 与 SSR 之和即为总偏差平方和，其具体表达式为

$$\mathrm{SSD} = \sum_{i=1}^{n} (X_{\mathrm{obs},i} - X_{\mathrm{model},i})^2 = \sum_{i=1}^{n} \varepsilon_i^2 \tag{4.9}$$

$$\mathrm{SSR} = \sum_{i=1}^{n} (X_{\mathrm{model},i} - \overline{X_{\mathrm{obs}}})^2 \tag{4.10}$$

$$\mathrm{RMSE} = \sqrt{\frac{\sum_{i=1}^{n} (X_{\mathrm{obs},i} - X_{\mathrm{model},i})^2}{n}} \tag{4.11}$$

$$\mathrm{MAE} = \frac{\sum_{i=1}^{n} |X_{\mathrm{obs},i} - X_{\mathrm{model},i}|}{n} \tag{4.12}$$

式中，$X_{\mathrm{obs},i}$为样本观测值；$X_{\mathrm{model},i}$为拟合的损失值；ε_i为趋势面模型的残差；$\overline{X_{\mathrm{obs}}}$为损失统计值的平均值；$n$ 为样本个数。公式中 R^2 越大，模型的拟合度越高。RMSE 是精确度的度量，衡量期望值与实际值之间的距离。常用于比较特定数据集的不同模型的预测误差。通常较低的 RMSE 优于较高的 RMSE。模型拟合评价结果：模型 R^2 为 0.6，RMSE 为 58.19，MAE 为 34.65。

回归模型的无偏性需要做残差分析，残差的随机性分布反映了模型预测效果的无偏估计，趋势面模型残差分布图如图 4.5 所示，模型拟合残差大多随机分布在直线两侧，模型具有良好的无偏性估计。

2. 随机森林回归模型

相较于趋势面模型只能考虑两个灾害链致灾因子变量，随机森林模型对支持多变量回归具有很好的鲁棒性，随机森林的基本要求为样本数大于特征数即可，这对于高维数据回归具有重要意义。

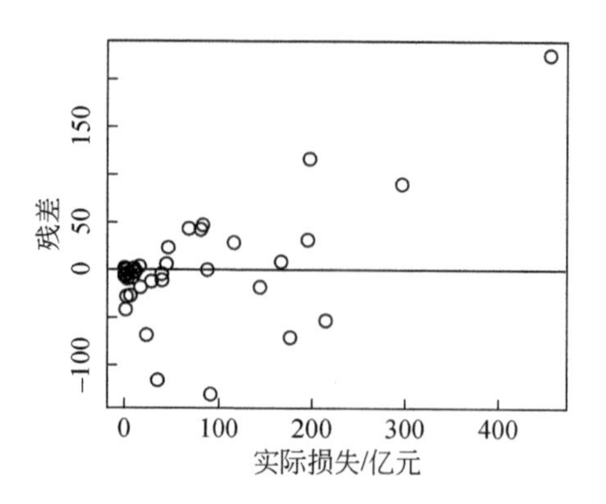

图 4.5　趋势面模型残差分布图

本节建立的随机森林脆弱性模型 R^2 为 0.69，具有良好的预测性能和解释率。随机森林不仅可考虑多个解释变量，还可提供两种方式评估参与模型拟合解释变量的相对重要性。两种方法分别为变量重要性指数（% lncMSE）和节点纯度（lncNodePurity）。% lncMSE 方法全称为 increase in mean squared error，MSE 是整体回归模型的误差度量，对于一个重要变量，如果它被噪声替代或改变量完全随机化，则 MSE 的增加值用来衡量变量重要性，这通常根据袋外数据计算。因此，该值越大表示该变量的重要性越大；IncNodePurity 即 increase in node purity，节点纯度是衡量节点同构程度的指标，节点杂质通常作为节点中的方差。建立的随机森林区域经济脆弱性模型共包含 PGA、滑坡面积、GDP 和人均 GDP，四个解释变量按两种方法进行重要性排序，得到随机森林回归模型重要性如图 4.6 所示，根据% lncMSE 方法，回归模型中最重要的变量是滑坡面积（LAC），其次是 PGA、人均 GDP 和 GDP。而根据 lncNodePurity 方法，最重要的变量是 PGA，其次是人均 GDP、滑坡面积（LA_C）和 GDP。两种方法中 GDP 变量重要性均排在最后，反映 GDP 对区域经济脆弱性影响较小。

相对于趋势面模型只能考虑两个灾害链致灾因子变量，随机森林模型对支持多变量回归具有很好的鲁棒性，复杂的非参数模型——如神经网络、支持向量机和随机森林，通常具有更高的精度和复杂学习的速度。然而，这些算法通常不会产生简单的预测公式，在可解释性上有所损失。但这些模型仍可以提供对数据的洞察力，但不是以简单的方程形式。虽然变量重要性预测也是机器学习问题中至关重要的任务，但这通常只是变量分析的一部分。一旦确定了重要变量子集，需

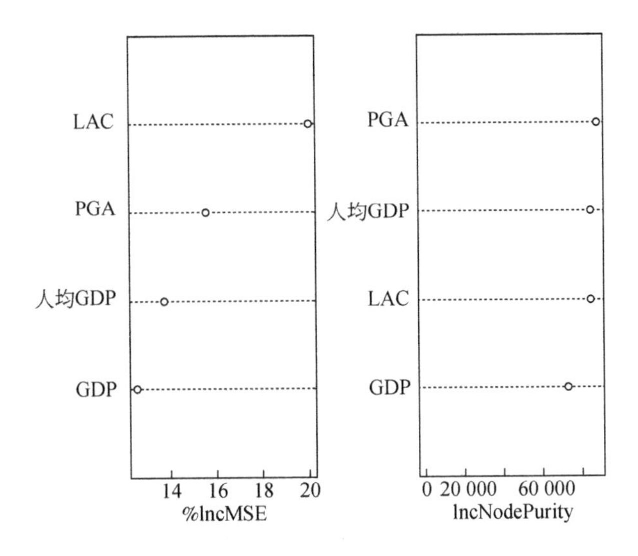

图 4.6 随机森林回归模型变量重要性

要评估它们与响应变量之间的关系，以帮助更好地分析模型，这对于像随机森林和支持向量机这样的黑箱模型是非常重要的分析部分。单变量响应图是根据预测函数$\hat{f}(x)$进行计算的，具体步骤如下。

设$x=\{x_1, x_2, \cdots, x_p\}$代表模型预测函数$\hat{f}(x)$预测变量集，如果把部分$x$划分到兴趣集$z_s$，其补充集合为$z_c=x \setminus z_s$，那么部分变量$z_s$的响应函数被定义为

$$f_s(z_s)=E_{zc}[\hat{f}(z_s, z_c)]=\int \hat{f}(z_s, z_c)\, p_c(z_c)\, \mathrm{d}z_c \tag{4.13}$$

式中，$p_c(z_c)$为z_c的边缘概率密度：$p_c(z_c)=\int p(x)\, \mathrm{d}z_s$，可从训练数据中由式(4.14)所示的等式中估计出来。

$$\bar{f}_s(z_s)=\frac{1}{n}\sum_{i=1}^{n}\hat{f}(z_s, z_{i,c}) \tag{4.14}$$

式中，$z_{i,c}(i=1, 2, \cdots, n)$为训练样本中出现的$z_c$值，平均了模型中所有其他预测因子的影响。

区域直接经济损失脆弱性模型单变量响应曲线如图 4.7 所示，变量的总体趋势都是随变量的增大，其对预测结果的影响递增。PGA 单变量图在 PGA 指数达到 0.9g 时，对模型预测结果的影响达到峰值，0.9g 之前呈现斜率为 1 的逐渐递增，显示了 PGA 对区域经济脆弱性模型具有较为稳定的影响水平。滑坡面积响

应曲线显示，在 20km^{2}的滑坡面积前，曲线呈现较为陡峭的趋势，在 20 ~ 120km^{2}的滑坡面积间，曲线呈现为波动上升趋势，直至 120km^2 滑坡面积后，对模型的影响趋势趋于平缓。县区总滑坡面积在较小数值时微小的增加都对模型产生巨大影响，因此滑坡面积的预测准确度尤为重要，直接影响区域脆弱性模型的预测效果，这也符合实际统计区域滑坡面积本身数值之间的微小差距，是县区之间经济损失的较大差异。GDP 和人均 GDP 响应曲线较为相似，都是在经历一段平缓趋势后开始急剧上升，说明在社会经济发展初期，区域经济对脆弱性影响较小，向灾害链中的致灾因子对脆弱性的影响占主导，当社会经济发展到一定程度和规模，区域经济开始体现对脆弱性的影响水平。GDP 变量的单变量响应曲线特征是

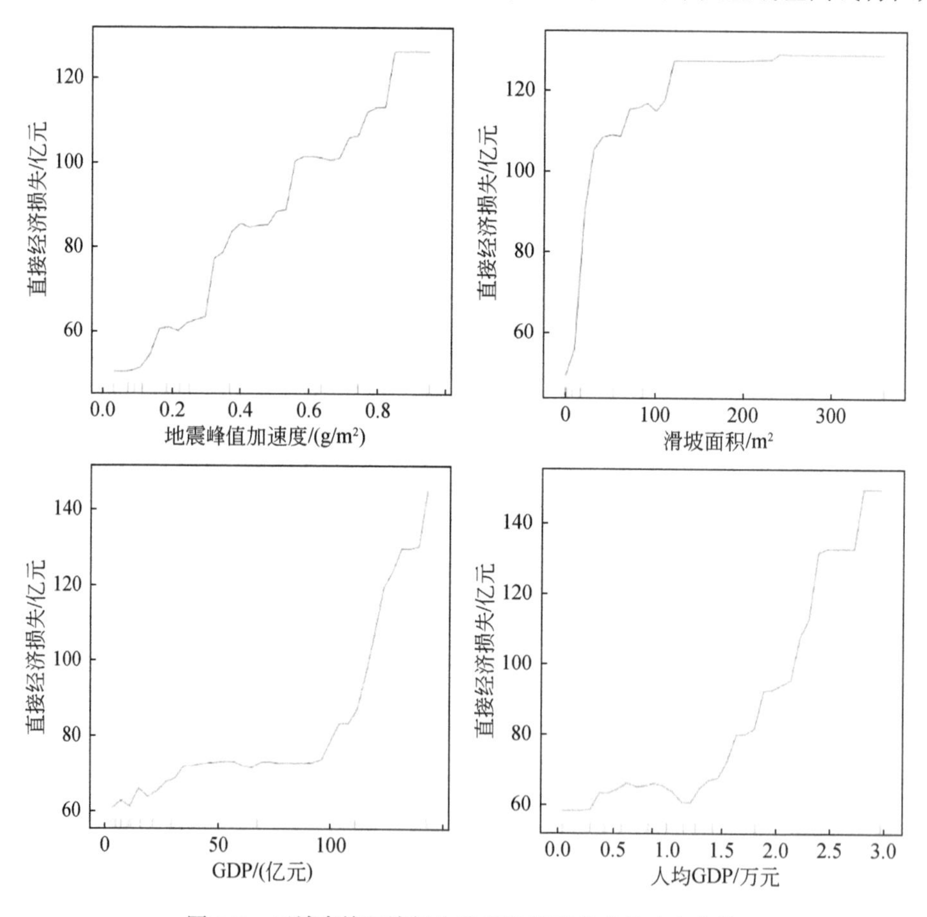

图 4.7　区域直接经济损失脆弱性模型单变量响应曲线

在 GDP 越高时，曲线反而越来越陡峭，当 GDP 达到一定规模后，对脆弱性模型的影响开始显现和增大。人均 GDP 响应曲线与 GDP 曲线较为相似，相较于 GDP 响应曲线，人均 GDP 曲线波动性更大。

3. 模型对比

本节基于汶川地震–滑坡灾害事件，建立的两个区域经济脆弱性模型均有较为不错的拟合效果。趋势面与随机森林模型的对比与选择由常用于回归模型评估的 R^2、RMSE、MAE、AIC 等指标来决定。图 4.8 显示了趋势面模型与随机森林模型的样本预测值和实际值的不同之处。模型拟合和预测效果越好，样本点越靠近图中对角线。左边是趋势面样本点离 $y=x$ 标准线较为松散分布，右侧的随机森林模型显示了更好的拟合效果，大多数样本点分布在对角线处，展示出了更好的模型性能。

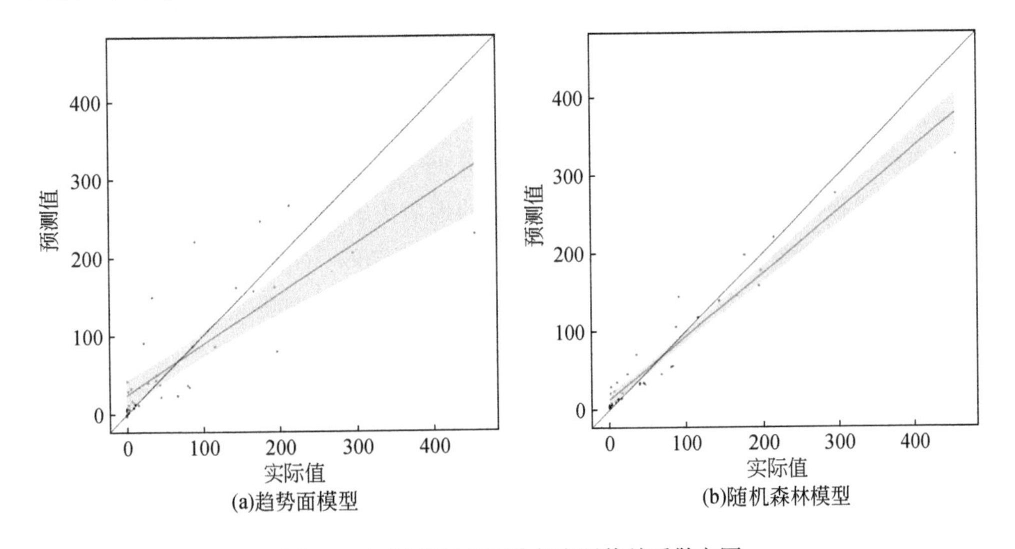

图 4.8　两种模型预测值与实际值关系散点图

脆弱性模型的对比和选择需要综合考虑变量和评价指标等方面。趋势面模型与随机森林模型结果对比分析见表 4.7，两类模型分别考虑的变量组合不同，趋势面模型包含较少的预测变量，模型只考虑了致灾因子变量；随机森林模型则包含了较多的变量，除致灾因子变量外，还考虑了社会经济变量。随机森林模型包含更多预测变量，且各类指标都优于趋势面模型。

表 4.7 模型结果对比分析

方法	模型	MAE	RMSE	R^2
趋势面	Loss ~ (PGA)+(LAC)	34.65	58.19	0.60
随机森林	Loss ~ (PGA)+(LAC)+(GDP)+(人均 GDP)	16.85	27.71	0.69

4.3 贵州省暴雨-滑坡经济脆弱性定量评估

随着全球气候变化及极端降水频率的不断增加，极端降水所造成的地质灾害越来越广泛地受到研究者的关注。滑坡是世界范围内最为常见的地质灾害之一，据统计，截至 2010 年世界范围内因灾死亡人口中，17% 都是由滑坡及滑坡所诱发的相关灾害所导致。滑坡的发生一方面取决于斜坡自身的地质和地貌条件，另一方面与斜坡受到的内外应力和人为作用息息相关，这是滑坡发生的诱发因素。降雨，尤其是暴雨，是诱发滑坡发生的最重要因素之一。据文献统计，降雨型滑坡约占滑坡总数的 70%，同时统计结果表明 95% 的滑坡发生于雨季。根据全国地质灾害通报统计信息，我国有超过 93% 的地质灾害都是以降雨为主的自然因素诱发，所有的地质灾害中滑坡灾害数量占比大于 70%（张先发等，1995）。

我国作为滑坡灾害发生频率较高的国家之一，急需针对各类滑坡灾害及灾害链的研究和技术支持。但针对暴雨-滑坡灾害链而言，我国在其发生机理、预警、脆弱性及风险评估等方面仍然有许多亟待解决的问题。因此对于暴雨-滑坡灾害链的研究对于我国的防灾减灾工作及社会经济安全都有重要的意义。随着滑坡高发区的经济社会发展，关于暴雨-滑坡灾害链经济损失脆弱性的研究，对我国提升滑坡高发区抗灾设防水平、增强针对滑坡灾害的应急响应能力，以及建立以风险评估为中心的滑坡风险管理体系有着迫切的实际意义。

4.3.1 研究区、数据与方法

1. 研究区概况

选取贵州省毕节和六盘水两个地级市作为研究区，开展降雨-滑坡灾害链直接经济损失风险评估。毕节市和六盘水市位于贵州省西南部地区，总面积为36 814km^2，占贵州省总面积的20.9%。至2020年末，两市地区生产总值达到3362.87亿元，占贵州省地区生产总值的18.86%，两市地区生产总值均位居全省前列，同时地区生产总值增速均超过4.4%，仅次于省会贵阳市；常住人口达到991.63万人，占贵州省总常住人口的25.72%。

两市地处103.6°E～106.7°E，25.4°N～27.7°N；地形错综复杂，海拔为452～2890m，地势总体呈西高东低；土地利用以耕地、林地为主，植被覆盖茂盛。两市处于亚热带季风气候区，全年降水有明显的季节差异，温暖湿润，且常受局地小尺度天气系统的影响（如西南涡等），时有强降雨发生。

两市位于贵州省西部云贵高原一、二级台地斜坡地带，地形地势更为复杂，两市是贵州省地质灾害潜在的高发区域，尤其是在降水密集的主汛期（6～8月），是地质灾害的高发时段。根据毕节市和六盘水市灾害管理部门的统计数据，截至2021年，两市共有具有变形迹象的地质灾害隐患点2171处，占贵州全省的21.66%。其中滑坡隐患点950处，占贵州全省的19.62%。

2. 研究数据

本部分使用了四类数据：气象数据（降雨）、滑坡清单数据、环境要素数据及社会经济数据，具体数据信息如表4.8所示。其中，强降雨诱发的滑坡事件记录来自有关部门的滑坡事件清单及从互联网新闻中搜集的滑坡事件记录；降水数据使用的是2000～2012年中国国家级地面气象站逐小时降水数据集。滑坡直接经济损失数据同样来自滑坡清单与滑坡事件记录搜集，与滑坡事件相对应。

表4.8 暴雨-滑坡灾害链经济损失脆弱性评估研究数据

数据类型	数据	数据形式	分辨率	时间	来源
气象数据	降雨数据	格点数据	0.25°×0.25°	2000～2019年	多源加权集合降水（MSWEP）再分析降水数据集
滑坡清单数据	暴雨滑坡点位数据	—	—	2000～2019年	政府灾后统计、网络滑坡事件信息搜集
	滑坡损失数据	—	—	2000～2019年	

续表

数据类型	数据	数据形式	分辨率	时间	来源
环境要素数据	高程	栅格	30m	2018 年	国家基础地理信息中心
	地层岩性	栅格	1 : 300 万	2015 年	USGS
	NDVI	栅格	250×250m	2005 年	中国科学院资源数据平台
社会经济数据	GDP	栅格	1km×1km	2015 年	国家科技基础条件平台-国家地球系统科学数据共享服务平台

3. 研究方法

本节中承灾体脆弱性评估的流程基于灾害-损失的范式，即建立致灾因子-灾情的脆弱性关系为

$$L=f(H) \tag{4.15}$$

式中，L 为损失变量；H 为致灾因子强度变量；函数 $f(x)$ 为致灾因子强度与损失之间的关系。之后运用实际的灾情数据构建脆弱性关系，可以较好地反映实际灾害情景中承灾体的脆弱性水平。

（1）趋势面分析法

由于滑坡本身的致灾因子强度变量难以获取且缺乏普适性，通过降雨致灾因子危险性的评估与滑坡的相对强度建立联系。其中降雨致灾因子强度由降雨强度（I）与降雨持续时间（D）表示。考虑到存在两个致灾因子变量，采用基于趋势面的脆弱性关系构建方法。趋势面拟合的数学方程通常为二次多项式，表现形式为

$$Z=Z_0+ax+by+c\,x^2+d\,y^2+fxy \tag{4.16}$$

式中，x，y 为选取的致灾因子变量；公式中其他变量均为拟合函数的参数值。

在得到拟合函数后仍需要进行模型适度检验，常用的方法为R^2检验法和 RMSE 值，分别为

$$R^2=1-\frac{\mathrm{SSD}}{\mathrm{SSD+SSR}} \tag{4.17}$$

$$\mathrm{RMSE}=\sqrt{\frac{1}{N}\sum_{i=1}^{N}\left(Z_i-f(x_i,y_i)\right)^2} \tag{4.18}$$

式中，SSD 为残差平方和；SSR 为回归平方和；N 为样本容量。对于R^2检验，当R^2在（0，1）的值越大时，模型的拟合效果就越好。对于 RMSE，接近 0 表示拟合优度更高。

(2) 机器学习分析方法

对于考虑多元非线性回归问题来说，传统的趋势面或者二元的非线性回归方法已经无法满足要求。滑坡的脆弱性评估中除去要考虑的致灾因子要素外，其他的孕灾环境要素（自然孕灾环境、人文孕灾环境）都是对滑坡灾害损失产生影响的关键点。尽管机器学习类的多元非线性回归方法无法给出显性的预测关系，但这些模型能够在简单的公式之外提供多个自变量与因变量之间更为深层的关系，尤其是在针对高维度数据时。尽管机器学习类的多元非线性回归方法无法给出显性的预测关系，但这些模型能够在简单的公式之外提供多个自变量与因变量之间更为深层的关系，尤其是在针对高维度数据时。因此我们采用机器学习的方法进行多元非线性回归，以综合评估考虑多种要素的承灾体脆弱性。

1）梯度提升决策树（Gradient Boosting Decision Tree，GBDT）。

梯度提升（Gradient Boosting）算法是一种用于回归、分类和排序任务的机器学习技术，属于 Boosting 算法族的一部分。Gradient Boosting 就是通过加入新的弱学习器，来努力纠正前面所有弱学习器的残差，最终这样多个学习器相加在一起用来进行最终预测，准确率就会比单独的一个要高。之所以称为 Gradient，是因为在添加新模型时使用了梯度下降算法来最小化的损失。在残差拟合方式的选择中，梯度提升算法利用了损失函数的负梯度，当采用决策树（Decision Tree）作为其中的基函数时，就得到了梯度提升决策树（Gradient Boosting Decision Tree，GBDT）。相比于其他算法来说，决策树算法需要更少的特征工程，可以不用做特征标准化，同时能够自动组合多个特征并进行特征选择。

在处理回归问题时，GBDT 算法可以看成是 M 棵树组成的加法模型，其对应的公式为

$$F(x,m)=\sum_{m=0}^{M}\alpha_m h_m(x,w_m)=\sum_{m=0}^{M}f_m(x,w_m) \tag{4.19}$$

式中，x 为输入样本；m 为计数第几棵树；w 为模型参数；h 为分类回归树；α 为每棵树的权重。

2）极致梯度提升（eXtreme Gradient Boosting，XGBoost）。

XGBoost 是 Boosting 算法的其中一种。Boosting 算法的思想是将许多弱分类器

集成在一起形成一个强分类器。因为 XGBoost 是一种提升树模型，所以它是将许多树模型集成在一起，形成一个很强的分类器。而所用到的树模型则是 CART 回归树模型。

一般来说，Gradient Boosting 的实现是比较慢的，因为每次都要先构造出一个树并添加到整个模型序列中。而 XGBoost 由于其正则化，并行计算等优点，在多种机器学习模型中有着较为突出的表现。

4.3.2 研究结果

1. 趋势面分析方法结果

图4.9 基于降雨致灾因子的暴雨滑坡直接经济损失脆弱性曲面表明，降雨强度在暴雨滑坡事件中对脆弱性的贡献更大，而降雨持续时间则体现出较弱的影响。表4.9 中给出了二次曲面模型方程与参数拟合估计值，表4.10 给出了曲面拟合效果检验统计量。

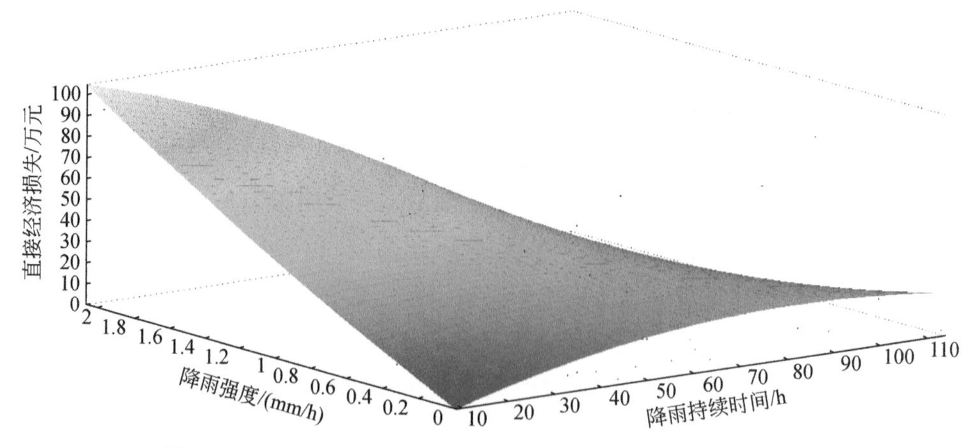

图4.9 基于降雨致灾因子的暴雨滑坡直接经济损失脆弱性曲面

表4.9 二次曲面模型方程与参数拟合估计值

方程	$Z=Z_0+ax+by+cx^2+dy^2+fxy$					
参数	Z_0	a	b	c	d	f
对应的值	-6.742	-7.4428	0.7811	4.745×10^{-3}	3.817	-0.6243

表 4.10　曲面拟合效果检验统计量

R^2统计量	RMSE
0.1897	28.14

根据模型的解释，并非持续时间长且降雨强度大的暴雨事件导致的损失概率就大。降雨持续时间的增长会导致降雨下渗或地表径流累积等过程的减缓，因此其对于暴雨滑坡事件的影响存在一定的反作用，即触发的暴雨滑坡事件强度或造成的损失并未达到最大值。而降雨的强度在模型中体现更大的贡献，则表明在降雨强度较大时更可能引起较为严重的损失情况。

2. 机器学习方法结果

本小节综合考虑影响滑坡损失的多方面因素，采用降雨指标（考虑了降雨持续时间、降雨强度与时段总降水量）、环境指标（考虑了易发性指数）与社会经济因素（考虑了 GDP）与滑坡事件对应的直接经济损失建立多元非线性回归模型。

采用 GBDT 与 XGBoost 两种方法分别建立多元非线性回归模型，两种机器学习方法的影响因素变量重要性如图 4.10 所示。

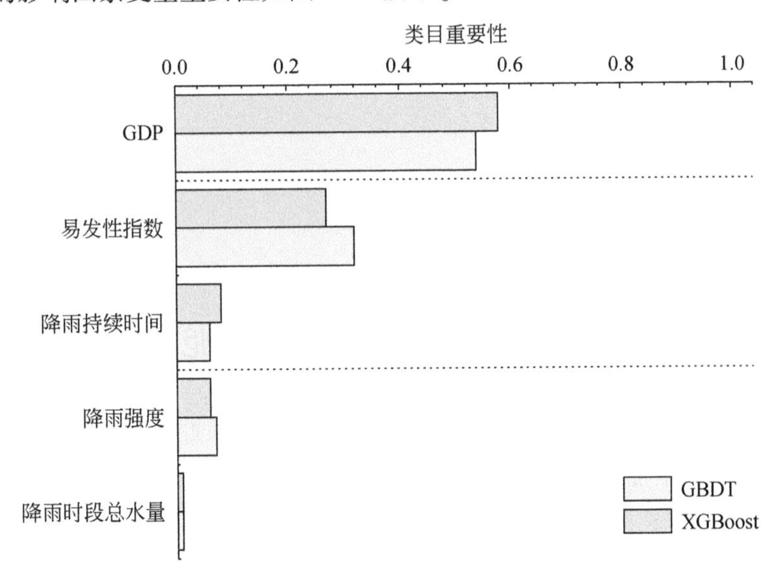

图 4.10　两种机器学习方法的影响因素变量重要性

对于直接经济损失来说，在两类模型中 GDP 均占较大比重，即 GDP 对区域经济脆弱性影响较为明显。预测结果显示，与滑坡直接经济损失脆弱性最相关的是区域社会经济要素（GDP）与滑坡环境敏感度要素（易发性指数），致灾因子要素与滑坡直接经济损失的关系并不明显。表 4.11 列出了两种模型的回归效果对比分析，从统计量看 XGBoost 模型表现出了较好的预测效果。图 4.11 给出了两种模型的预测值与实际值的关系图，将 $y=x$ 作为基准线绘制在图 4.11 中，横纵坐标分别为实际损失与模型预测的损失，结果表明 XGBoost 模型在预测的偏离程度及数据离散程度上的建模效果均优于 GBDT 模型。

表 4.11　两种模型的回归效果对比分析

条目	GBDT	XGBoost
R^2	0.826	0.860
RMSE	16.021	14.388

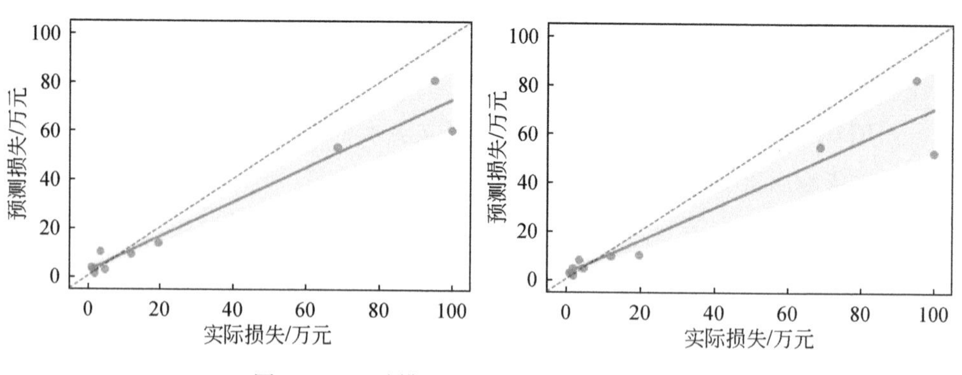

图 4.11　两种模型预测值与实际值的关系图

4.4　陕北地区旱涝急转生态环境脆弱性定量评估

全球气候变化造成了全球水资源的再分配，具体表现为局地的极端水旱事件强度增强、频数增加。气象灾害中，降水异常所导致的水旱灾害与农业生产、粮食安全问题密切相关。本节以陕西省地区旱涝急转作为研究对象，基于该地区 1982～2015 年的逐日降水量、逐日最高气温、逐日最低气温计算所得的逐月标准化降水蒸散指数（standardized precipitation evapotranspiration index，SPEI）和逐月归一化植被指数（normalized digital vegetation index，NDVI）对旱涝急转对应的生态影响进行剖析。利用 SPEI，对旱涝急转事件进行定量识别，挖掘该类事件的时空演变规律，以期对研究区内旱涝急转演变特征进行判断，并通过 NDVI 的变化对其所产生的生态环境影响构建脆弱性曲线。

4.4.1 研究区概况

陕西地处中国内陆腹地，介于 105°29′E ~ 111°15′E，31°42′N ~ 39°35′N，省内地势呈南北高、中间低，由高原、山地、平原和盆地等多种地貌构成。下辖西安市、宝鸡市、铜川市、咸阳市、渭南市、延安市、榆林市、汉中市、安康市、商洛市共十个地级市。总面积 20.56 万 km^2，2020 年总人口 3955 万人，GDP 为 26181.86 亿元（陕西省统计局和国家统计局陕西调查总队，2021）。黄土高原在省内占比面积高达 40%，该区域是生态环境脆弱性研究的全球热点区域。省内气候差异大，横跨三个气候带，陕北北部长城沿线属中温带季风气候，关中及陕北大部属暖温带季风气候，陕南属北亚热带季风气候。气候和地形地貌、土地利用的差异造成了陕西多样的水旱灾害分布和复杂的生态影响响应关系。干旱是影响人民生活和生产的主要的自然灾害之一。陕西历来有“十年九旱”之说，其干旱具有空间分布不均匀、局部干旱和全省大范围干旱共存、干旱发生的季节性差异有陕南-关中-陕北逐渐增大的特征。

脆弱性研究选取陕西北部的两个旱涝急转相对频发的区域，包括延安市的宝塔区、延长县、延川县、子长县、安塞县、志丹县、吴起县、甘泉县、富县、洛川县、宜川县、黄龙县、黄陵县和榆林市的榆阳区、横山区、神木县、绥德县、靖边县、定边县、府谷县、子洲县、米脂县、吴堡县、清涧县、佳县，共 25 个示范单元。

4.4.2 研究数据与方法

1. 数据处理与计算

（1）气象数据处理与计算

所采用的数据来源于陕西省气象局，时间跨度为 1982 ~ 2015 年共 34 年。根据指数计算的需要，将气象数据中缺测率超过12%的站点剔除，并根据线性插补法和临近值替代法对缺测数据进行插补。经基础气象数据质量控制后，使用研究区间内81个气象站的逐日降水量、最高气温、最低气温数据进行统计处理得到逐月累积降水量、逐月最高气温、逐月最低气温和月平均气温。

（2）NDVI数据处理与计算

NDVI是近红外波段的反射值与红光波段的反射值之差比上两者之和，是反映农作物长势和营养信息的重要参数之一。基于遥感探测数据计算的NDVI具有容易获取、多时相、时空连续性好、覆盖范围广等优点（陈效逑和王林海，2009）。使用的是NASA于2016年底最新推出的全球植被指数数据集GIMMS NDVI 3g version 1（1981～2015年）版本中的NDVI产品数据。该数据集覆盖的时间范围为1981年7月至2015年12月，时间分辨率为15d，空间分辨率为8km×8km。为适应干旱指数的时间尺度需求，采用最大合成法将半月值NDVI数据集合并成逐月NDVI数据集，并计算34年总体的逐月平均NDVI。并将逐月的NDVI序列与其当月多年均值进行距平计算，得到多年月距平变化的NDVI序列。

（3）SPEI指数计算

不同地区的降水量、季节性和降水特性各不相同，基于多种计算方法的干旱判断差异往往会影响结果。SPEI根据由降水和蒸散量之间的差值计算的水分平衡表示区域干湿条件，因为在时间上进行了标准化并且具备较高的空间可比性而被广泛应用（Vicente-Serrano et al.，2012）。基于逐月的温度数据，可以通过桑斯维特经验公式计算潜在蒸发，该方法计算简便，且只需要温度数据作为输入变量，在业务上应用广泛。应用降水数据和潜在蒸发即可计算出逐站点SPEI时间序列。

2. 旱涝急转判定方法

旱涝急转通常被定义为季节尺度内，旱、涝两个状态并存或交替出现，使得前一种状态迅速改变的现象，包括旱转涝事件和涝转旱事件。由于旱涝状态的评估现今并没有统一的定义，涌现出了多种旱涝急转评定指数和评判标准。采用广泛应用的SPEI指数和旱涝阈值对旱涝急转进行判定，基于SPEI指数的旱涝急转示意图如图4.12所示。旱涝急转的强度I则采用旱涝急转事件内旱状态下的极大负值和涝状态下的极大值的绝对值之和表示，即事件前后两个状态最大绝对值之和，如式（4.20）所示。

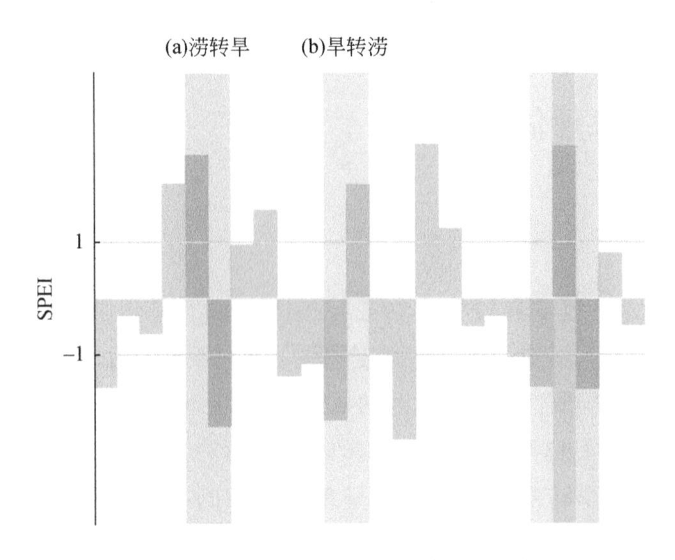

图 4.12　基于 SPEI 指数的旱涝急转示意图

$$I=\mathrm{MAX}(\mathrm{abs}|\mathrm{SPEI}_B|)+\mathrm{MAX}(\mathrm{abs}|\mathrm{SPEI}_A|) \tag{4.20}$$

式中，I 为旱涝急转强度，SPEI_B 为事前状态的 SPEI 指数；SPEI_A 为事后状态的 SPEI 指数；MAX 为最大值；abs 为绝对值。

3. 旱涝急转脆弱性评估方法

根据基于 SPEI 指数的旱涝急转判定方法分别提取旱转涝事件和涝转旱事件。由于干旱和洪涝的生态影响往往有时间上的滞后，针对逐个旱涝急转事件，本研究选取逐个事件从结束时间开始至之后六个月的 NDVI 距平表示其可能的生态影响。因气象站点所在格点的 NDVI 变化并不足以表征旱涝事件对一个小区域的影响情况，为此，NDVI 距平值由事件所在站点的网格及其周围八个网格的 NDVI 距平变化的平均值表示。

植被的脆弱性（V）由发生灾害后六个月内的 NDVI 最大负距平（月 NDVI 小于当月多年平均的量）确定，用 ΔNDVI 表示，具体计算公式为

$$V=\mathrm{MAX}(\Delta\,\mathrm{NDVI}_i)\quad i=t+1,t+2,\cdots,t+6 \tag{4.21}$$

式中，t 为旱涝急转事件结束月；$\Delta\mathrm{NDVI}_i$ 为第 i 个月的多年 NDVI 负距平；MAX 为最大值。在计算时，土地利用、水热资源变化、植被自身生长的变化因素导致部分站点的 NDVI 距平量始终为正，为去除这部分影响，在脆弱性曲线拟合时，

只考虑灾害发生后六个月内 ΔNDVI 大于 0.01 的事件。

4.4.3 脆弱性评估结果

1. 旱转涝事件生态脆弱性曲线

图 4.13 所示为延安和榆林市 1982～2015 年四季旱转涝事件生态脆弱性曲线。强度越大则说明旱涝急转事件强度越强。事件对应的 ΔNDVI 越大，则说明该事件对应的生态脆弱性越高。此处的 ΔNDVI 表征 NDVI 与平均值差距的高低，用正值表示。从图 4.13 可以看出，夏季发生的事件对应的 ΔNDVI 有更明显的波动，夏季和秋季的旱转涝脆弱性曲线呈现出相似的变化规律。在强度较低时，ΔNDVI 随着急转强度的增强而增加；强度增加到 2.5 左右时，ΔNDVI 随强度的增强而逐渐减弱，这或许是因为旱涝急转事件强度到一定值后，引起了相应政府职能部门或相关从业人员的注意，从而实施适当的减灾措施。而在强度发展到 3.5 时，ΔNDVI 再一次随着强度的增强而开始增加，这可能是因为当强度过大时，人力补救已经无法弥补事件所带来的生态影响。

冬季发生的涝转旱事件通常因为事件的发生与播种时间、植物生长季时间间隔较长而得不到足够的重视。这一类别的脆弱性曲线呈现出单一地随强度增加而 ΔNDVI 上升的趋势。春季的旱转涝事件对应的后续生态环境的影响则是始终保持在相对平稳的状态。

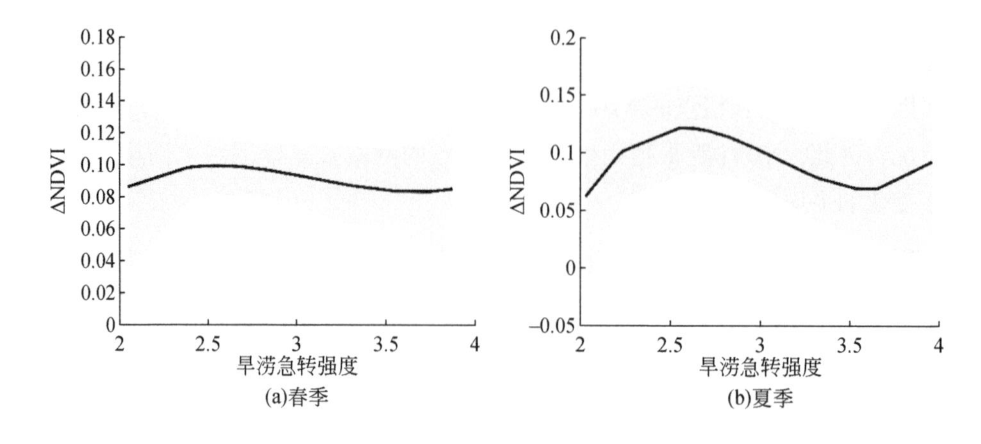

(a)春季 (b)夏季

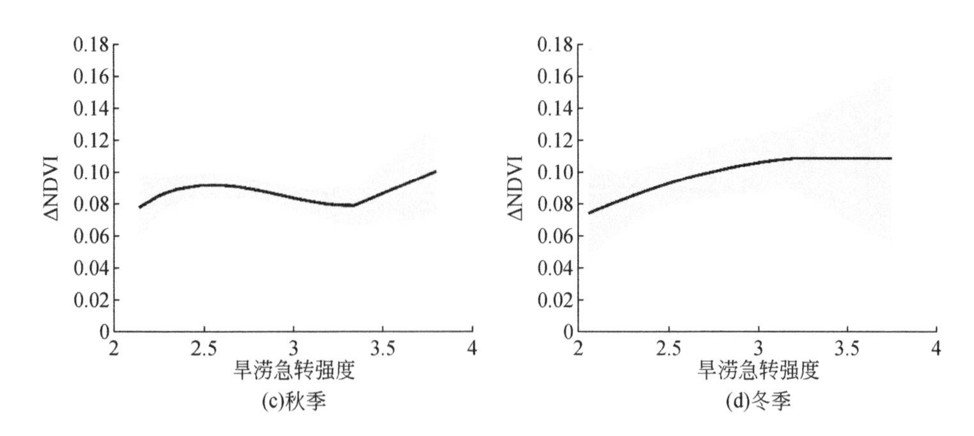

图 4.13　延安和榆林市 1982 ~ 2015 年四季旱转涝事件生态脆弱性曲线

2. 涝转旱事件生态脆弱性曲线

图 4.14 所示为延安和榆林市 1892 ~ 2015 年四季涝转旱事件生态脆弱性曲线。春季和夏季的脆弱性曲线类似，ΔNDVI 随强度的变化并不明显，始终保持在 0.1 左右。随着强度的增加，涝转旱事件对应的 ΔNDVI 都呈现出不明显的下降。造成这一下降的原因可能是当人们意识到有涝转旱事件发生后及时地灌溉等人为因素的影响。冬季的涝转旱事件脆弱性曲线与相应旱转涝事件脆弱性曲线类似，随着强度的增加 ΔNDVI 呈现出不明显的增加。

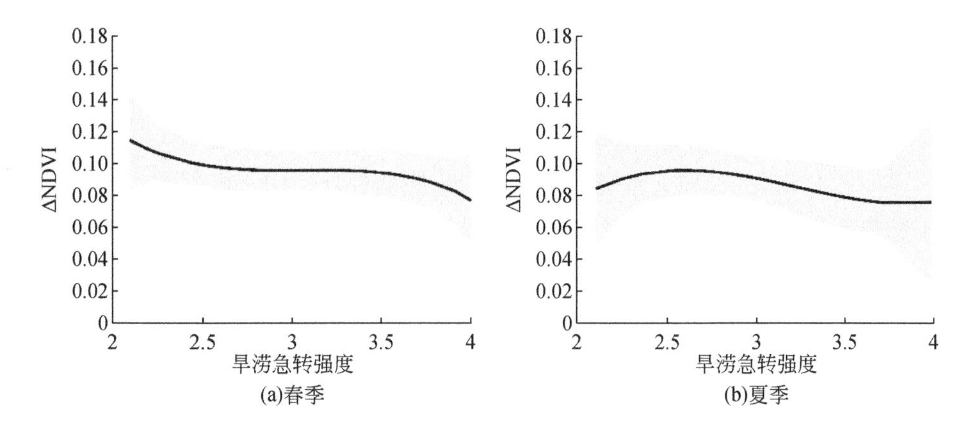

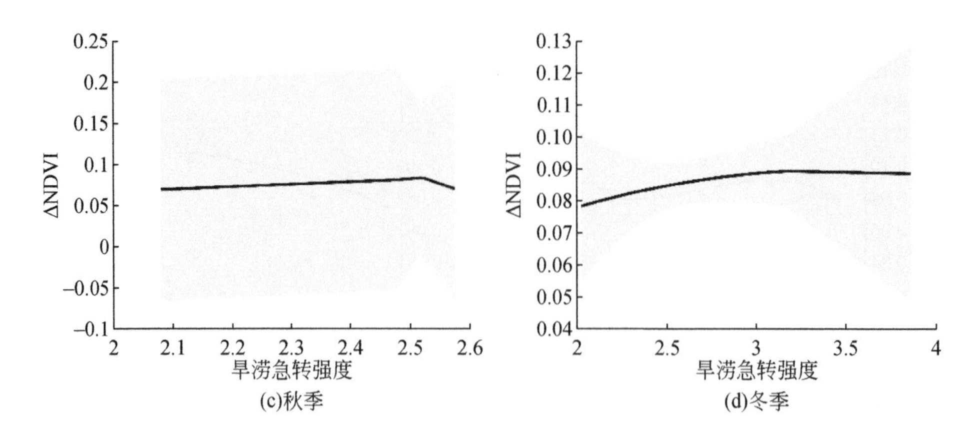

图 4.14　延安和榆林市 1982 ~ 2015 年四季涝转旱事件生态脆弱性曲线

4.5　本章小结

本章结合多元回归，以及广义可加模型、随机森林等机器学习方法，开展了典型多灾种重大自然灾害人口与社会经济脆弱性评估，包括海南台风大风-暴雨耦合受灾人口脆弱性评估、汶川地震-滑坡灾害链直接经济损失脆弱性评估、贵州毕节和六盘水市暴雨-滑坡灾害链直接经济损失脆弱性评估，以及陕西延安和榆林两市旱涝急转生态环境脆弱性评估。结果表明：

(1) 海南台风大风-暴雨联合受灾人口脆弱性模型中，最大降雨量、最大风速、地形、人口和时间这 5 个参数与损失关系结果较好，其中最大风速的贡献最大。模型最终结果的解释偏差和 AIC 分别为 33.8% 和-275.478。

(2) 汶川地震-滑坡灾害链直接经济损失脆弱性评估中，机器学习方法结果优于趋势面模型。在机器学习模型中，滑坡面积（LAC）、PGA、人均 GDP 和 GDP 这 4 个结果对损失贡献较大。在不同的分类方法中，总体上 LAC 和 PGA 的贡献率最大，GDP 变量重要性均排在最后，反映 GDP 对区域经济脆弱性影响较小。

(3) 贵州毕节和六盘水市暴雨-滑坡灾害链直接经济损失脆弱性评估中，与滑坡直接经济损失脆弱性最相关的是区域社会经济要素（GDP）与滑坡环境敏感度要素（易发性指数），致灾因子要素与滑坡直接经济损失的关系并不明显。从统计量看 XGBoost 模型在预测的偏离程度及数据离散程度上的建模效果均优于 GBDT 模型。

（4）陕西延安和榆林两市旱涝急转生态环境脆弱性评估中，夏季和秋季的旱转涝生态环境脆弱性曲线呈现出相似的变化规律，在事件强度较低时，ΔNDVI 随着急转强度的增强而增加；强度增加到 2.5 左右时，ΔNDVI 随强度的增强而逐渐减弱。春季和夏季的涝转旱事件生态环境脆弱性曲线类似，ΔNDVI 随强度的变化并不明显，始终保持在 0.1 左右。

4.6 参考文献

陈效逑，王林海．2009. 遥感物候学研究进展．地理科学进展，28（1）：33-40.

海南省统计局．2020. 海南统计年鉴．北京：中国统计出版社．

陕西省统计局，国家统计局陕西调查总队．2021. 陕西省统计年鉴．北京：中国统计出版社．

许冲，戴福初，徐锡伟．2010. 汶川地震滑坡灾害研究综述．地质论评，56（6）：860-874.

徐建华．2006. 计量地理学．北京：高等教育出版社．

张先发，李明华，张小刚．1995. 长江上游暴雨与滑坡崩塌的关系．地理，8（3）：102-106，101.

中国气象局．2018. 中国气象灾害年鉴．北京：气象出版社．

中华人民共和国民政部．2018. 中国民政统计年鉴．北京：中国社会出版社．

Bakkensen L A，Mendelsohn R O. 2019. Global tropical cyclone damages and fatalities under climate change：An updated assessment. Hurricane Risk，1：179-197.

Cicin- Sain B. 2015. Conserve and sustainably use the oceans，seas and marine resources for sustainable development. UN Chronicle，51（4）：32-33.

Frame D J，Wehner M F，Noy I，et al. 2020. The economic costs of Hurricane Harvey attributable to climate change. Climatic Change，160（2）：271-281.

Hastie T J. 2017. Generalized additive models//Chambers J M，Labs B，Hastie T J. Statical Models in S. New York：Routledge.

Knutson T，Camargo S J，Chan J C，et al. 2020. Tropical cyclones and climate change assessment：Part II：Projected response to anthropogenic warming. Bulletin of the American Meteorological Society，101（3）：E303-E322.

Melvin A M，Larsen P，Boehlert B，et al. 2017. Climate change damages to Alaska public infrastructure and the economics of proactive adaptation. Proceedings of the National Academy of Sciences，114（2）：E122-E131.

UNDRR (United Nations Office for Disaster Risk Reduction) . 2017. Sendai Framework Terminology on Disaster Risk ReDuction. Geneva: UNISDR.

Vicente-Serrano S M, Begueria S, Lorenzo-Lacruz J, et al. 2012. Performance of drought indices for ecological, agricultural, and hydrological applications. Earth Interactions, 16 (10): 1-27.

Wood S N. 2017. Generalized Additive Models: An Introduction with R. Boca Raton: CRC Press.

Xu C, Xu X, Yao X, et al. 2014. Three (nearly) complete inventories of landslides triggered by the May 12, 2008 Wenchuan Mw 7.9 earthquake of China and their spatial distribution statistical analysis. Landslides, 11 (3): 441-461.

第5章 多灾种重大自然灾害脆弱性研究的未来展望

本书在综述当前主要承灾体脆弱性研究进展的基础上，阐述了地震-滑坡灾害链、地震-泥石流灾害链、暴雨-滑坡灾害链、大风-暴雨灾害遭遇、台风-风暴潮灾害遭遇、旱涝急转灾害群等典型多灾种，对房屋建筑、公路设施、社会经济和生态环境四大类承灾体的脆弱性定量评估模型及典型案例，完善了多灾种承灾体脆弱性评估的内容，同时也为多灾种脆弱性评估提供了案例参考。由于数据的可获取性，多灾种之间机理的模糊性，以及未来应对灾害能力的不可预测性等因素，多灾种承灾体脆弱性评估工作仍需要进一步完善。因此，本章在总结当前多灾种重要承灾体脆弱性评估指标体系、评估方法和结果表达的基础上，对多灾种脆弱性评估未来研究方向进行了讨论。

5.1 多灾种脆弱性评估指标、方法和结果表达

5.1.1 多灾种脆弱性评估指标体系

脆弱性一般包括自然脆弱性（或物理脆弱性）和社会脆弱性。承灾体的物理脆弱性，是指承灾体的内在固有属性，表现为一定致灾因子强度下承灾体的平均破坏或损失程度，即承灾体损失是致灾因子作用的直接结果。因此，在物理脆弱性评估工作中，致灾因子强度和承灾体损毁率是其中最为关键的两个指标。然而，随着灾害研究的深入，社会脆弱性的重要性越来越受到关注。在社会脆弱性指标中，对灾情的影响因素中，除致灾因子外，还与区域自然、社会要素等密切相关，如承灾体所在的自然地理环境、区域社会经济水平、区域综合减灾能力等要素。在多灾种脆弱性评估工作中，这些因素除直接影响承灾体外，还可能通过影响多致灾因子间的相互关系，进而影响承灾体损失的大小。

在筛选多灾种承灾体脆弱性评估指标体系中，可结合多灾种形成过程，从灾害系统角度，分别从孕灾环境、致灾因子、承灾体等方面选择相关关键因素。例如，对于地震-滑坡灾害链房屋建筑的脆弱性评估指标，致灾因子指标可包括地震强度（震级、烈度或地面峰值加速度）、滑坡强度（滑坡体规模、滑坡面积等）。孕灾环境指标可包括房屋所在的地形、坡度、地貌、植被、水系、距河流和道路距离等。这些要素一方面直接影响着地震下滑坡发生的大小和可能性，另一方面也影响着建筑物的暴露水平和设防水平。承灾体脆弱性指标包括房屋建筑等结构类型、建筑年代、抗震设防水平等。对于台风-风暴潮灾害遭遇影响人口脆弱性评估指标，致灾因子指标可包括大风强度、暴雨强度、增水高度等致灾因子指标，孕灾环境指标包括地形、坡度、水系等，承灾体脆弱性指标包括人员性别、年龄结构、教育和收入水平等此外，还可以包括洪涉设防水平、监测预警水平转移安置政策情况等影响综合减灾能力的指标。

5.1.2　多灾种脆弱性评估方法

针对区域不同的多灾种类型和不同的承灾体，脆弱性评估的技术或方法也有较大差异。按照评估结果的定量化程度，可分为定性、半定量和定量评估技术方法。

基于定性或半定量评估方法获得的脆弱性评估结果，通常用以表征区域内评估单元或评估对象之间脆弱性的相对高低程度。定性或半定量评估方法包括基于指标体系的专家权重法（如层次分析法、决策树法、最优解距离法、模糊综合判别法）、统计分析法（因子分析、主成分分析）、机器学习（投影寻踪、BP 神经网络）等。例如，本课题基于专家经验和指标体系方法，研发了地震-滑坡灾害链房屋建筑和桥梁工程物理脆弱指标模型。

基于定量评估方法获得的脆弱性评估结果通常表征了承灾体损失与影响要素之间的定量关系，其结果常常具有物理意义。定量评估方法包括统计拟合（如二次曲面拟合）、机器学习（广义可加模型、随机森林）、模型模拟等。在实地调查的基础上，结合专家经验、统计分析、计算机模拟等技术手段，本书取得了相关研究成果，研发了川藏地区地震-滑坡/泥石流灾害链典型房屋建筑、海南省台风-暴雨灾害遭遇砌体民房脆弱性定量评估模型；基于统计分析、数值模拟和机器学习等技术方法，研发了海南省大风-暴雨灾害遭遇公路物理脆弱性、中国暴雨–洪涝灾害链铁路网络脆弱性定量评估模型；基于实地调查、统计拟合、数值模拟和机器学习等技术手段，研发了四川省汶川地震–滑坡灾害链直接经济损失、贵州省暴雨–滑坡灾害链直接经济损失、海南省大风暴雨灾害遭遇影响人口脆弱性定量评估模型。

5.1.3 脆弱性结果表达

根据不同的评估方法和对象类型，多灾种承灾体脆弱性评估结果一般可采用以下几种方法来表达。

指数法。即脆弱性指数，通常基于定性或半定量评估方法得到的脆弱性评估结果，以指数（0~1 之间的数值）或等级（高、较高、中等、较弱、弱）等形式表示，在区域社会脆弱性评估中最为常见。

矩阵法。即脆弱性矩阵，通常基于半定量评估方法得到的脆弱性评估结果。脆弱性矩阵是指不同致灾因子强度和承灾体破坏/损失之间的数据用矩阵或列表的方式进行表达。对于多灾种而言，则通常是高维矩阵（由多个二维矩阵组成）。

曲面法。即脆弱性曲面，通常基于定量评估方法得到的脆弱性评估结果。对单灾种而言，通常是脆弱性曲线；而在两个致灾因子作用于同一承灾体的情景下，通常可以绘制成三维的脆弱性曲面。脆弱性曲面的两个横坐标轴（x 轴和 y 轴）分别为两个不同致灾因子的强度，纵轴（z 轴）表示承灾体的破坏水平或破坏百分比。脆弱性曲面通常是在脆弱性矩阵的基础上，通过计算机拟合，将离散、非连续的致灾强度–承灾体损失关系转化为连续关系。

此外，基于机器学习方法评估得到的多灾种脆弱性曲线，通常表现为影响指标和承灾体损失之间的相互关系，或要素对承灾体损失的响应曲线。这种脆弱性响应曲线，实际是“高维脆弱性曲面”的二维表现形式。在影响要素中，不仅可以包括致灾因子要素，也可以包括孕灾环境、承灾体暴露量、承灾体脆弱性指标和区域设防能力水平等要素。

5.2 多灾种承灾体脆弱性未来研究方向

我们认为未来的多灾种承灾体脆弱性研究，重点可关注以下几个方面。

5.2.1 多灾种承灾体的系统脆弱性评估

现有脆弱性研究多聚焦于某一特定的承灾体对象，而一个致灾因子通常会同时或先后影响多个承灾体，特别是多灾种对承灾体的影响往往存在叠加或放大效应，因此除单一承灾体外，还需要关注对不同承灾体，即对承灾体系统的影响。在特定承灾体对象脆弱性评估的基础上，如何将这些承灾体的脆弱性延展到系统脆弱性的评估，是未来多灾种脆弱性评估的一项重要内容；是区域多灾种系统风险评估的重要环节，也是个难点问题。

5.2.2 考虑未来设防水平的承灾体脆弱性评估

区域灾害风险评估，不仅需要关注未来的致灾因子危险性水平，也需要考虑未来承灾体暴露度和脆弱性水平。当前的灾害风险评估中，考虑未来致灾因子危险性和承灾体暴露性水平的工作较多，然而对未来的脆弱性关注不足。随着区域经济发展水平的提升和人们对防灾减灾工作的重视，未来区域承灾体结构类型、灾害设防水平相比历史时期也可能产生较大的变化，此外，还有先进技术的应用、防灾技能和综合减灾能力的提升等，这些因素都会对区域灾害的致灾-成害关系直接造成影响，即影响区域的脆弱性水平。然而，这些因素的未来数据都难以获取或极难量化，因此，在当前的风险评估中多为基于历史数据的脆弱性结果。如何考虑区域未来设防水平等要素，量化未来承灾体脆弱性水平，是承灾体脆弱性评估的另一个重点和难点问题。

5.2.3 从脆弱性评估的统计模型到机理模型

已有的多灾种脆弱性评估，在构建致灾因子强度和灾害损失间的关系时，大多采用多元回归、机器学习等统计分析方法，缺少相关的动力学方法或机理模型。基于统计方法的脆弱性模拟，存在较大的局限性。一方面，区域灾情数据的稀缺，是制约脆弱性统计建模的一个主要因素，特别是对于多灾种联合作用下的承灾体损失数据更为稀少；另一方面，灾情的形成，除致灾因子外，还会受区域设防水平、减灾能力等因素的作用，直接采用致灾因子-损失关系的统计建模，模拟效果通常不好，难以反映真实的致灾-成害关系。为此，极有必要发展区域致灾-成害关系的机理模型，切实反映不同要素对灾情的影响，推动区域承灾体脆弱性评估。